カラー図解

あなたの“不安”をスッキリ解消!

クルマの運転術

菰田潔 著

ナツメ社

はじめに

初心に立ち返って、新しい時代のドライビングにチャレンジ！

自動車の運転は、歩いたり、駆け足したりするように人が本能的にできるものではありません。自動車という機械を操るという作業だからです。道路交通法を守り、他人に迷惑にならないように気配りする必要もあります。

運転がうまいドライバーになるためには、ある程度の経験が必要です。練習時間、走行距離は長いほうが有利です。ベテランドライバーになると、いちいち考えなくても手足が自然に動くようになるでしょう。同じ練習量、同じ走行距離を経験しても、正しい運転操作をしていれば上達も早くなります。

本書では、運転経験の少ないビギナードライバーやペーパードライバーにもわかるように、正しいドライビングを解説しています。

運転に興味を持つようになると、いろいろな情報が目や耳から入ってくるようになります。これも上達のためにはとても有効です。

ビギナードライバーだけでなく、ベテランドライバーにも「そうだったのか」と納得してもらえる項目もたくさん用意しています。

その１つは新しい情報です。自動車は技術進歩が著しく、モデルチェンジしたクルマには新しい技術が盛り込まれています。それは昔流の運転ではその技術を生かすことができないケースもあります。たとえば、エンジンは電子制御になっていて、点火時期や燃料噴射などはコンピュータがエンジン温度、アクセル開度などの情報を元に最適な制御をしてくれます。だから今では、冬でも暖機運転は必要ないというよりも、環境性や経済性のために停止したままの暖機運転はしてはいけない時代になりました。

また、自己流になってしまっているベテランドライバーを多く見かけます。ドライビングポジションも楽な姿勢になってしまい、いざというときに正しい操作ができないケースもあります。悪いクセは自分では気づかず、だれも直してくれません。

ベテランドライバーも本書で初心に立ち返って、新しい時代のドライビングにチャレンジしてみませんか？

菰田　潔

◆も・く・じ◆

PART 1 ［基本編］走行前

1 Q 運転するときに心得ておきたいことを教えてください。
A 「エコロジー、エコノミー、セーフティ」、この3つを考えた運転を！ 10

2 Q エンジンのために暖機運転は必要ですか？
A 止まったまま暖機運転するのはもう古い。始動したらすぐに発進するのが新常識！ 12

3 Q 運転していると疲れます。何が原因ですか？
A 運転中に疲れるのは、ドライビングポジションが悪いから！ 14

4 Q シートベルトの安全な装着法を教えてください。
A シートベルトの安全効果は正しく装着していればこそ！ 16

5 Q チャイルドシートを使用する基準を教えてください。
A 体格に合ったサイズ・形状のチャイルドシートを。小学生でも必要！ 20

6 Q ミラーを調整するとき、どこが見えるようにすればよいですか？
A 後ろのクルマの位置を正確に把握できる角度に！ 22

7 Q エンジンをかけるとき、キーを放すタイミングがつかめません。
A エンジン音を聞いてかかったらすばやく放す！ 24

8 Q 最新のクルマはパーキングブレーキの操作法が変わっているのですか？
A パーキングブレーキはスイッチ操作だけの電動式が主流に！ 26

9 Q AT車のセレクターレバーをスムーズに操作するコツを教えてください。
A ロック解除ボタンを押さなくても動く範囲はそのまま操作！ 28

10 Q MT車のギヤチェンジでギクシャクします。何が原因ですか？
A クラッチペダルを戻すのが早い、または遅い。つながる感覚を覚えよう！ 32

11 Q ハンドル操作の基本を教えてください。
A ハンドルはいつも同じ位置を持ち、前に押すように切る！ 36

12 Q ブレーキとアクセルのペダル操作の違いはどんなことですか？
A どちらも同乗者の頭が動かないように操作する！ 40

13 Q ドアを開けるときに注意すべきことは何ですか？
A 一気に全開するのは危険。安全を確認して必要最小限に！ 44

14 Q スマートなドアの閉め方を教えてください。
A 途中で一度止め、最後までドアハンドルを放さずに閉める！ 46

PART 2

［基本編］走行時

1 Q 前方の車両感覚をつかむには何を目安にすればよいですか？
A フロントバンパーの位置を正しくつかむコツがある！ …… 50

2 Q 道路わきに止めるとき、どうしても縁石から離れてしまいます。
A 両サイドがどこなのかがわかると運転が楽になる！ …… 52

3 Q バックするとき、ぶつかりそうで不安です。コツはありますか？
A 中央のルームミラー、左右のドアミラーを活用する！ …… 54

4 Q ハンドルを一気に切るのは危険ですか？
A “あそび”を過ぎたらゆっくり丁寧に切る！ …… 56

5 Q 穏やかにブレーキをかけるコツを教えてください。
A ブレーキが効き始めるポイントをつかみ、ソフトブレーキ！ …… 58

6 Q アクセルペダルの操作で思い通りのスピードにするコツを教えてください。
A 加速の始まりがスムーズで一定速走行ができれば合格！ …… 60

7 Q AT車で燃費をよくする走り方を教えてください。
A エンジン回転数を低くして、なるべく高いギヤで走る！ …… 62

8 Q MT車で燃費をよくする走り方を教えてください。
A 早めのシフトアップでエンジンの総燃焼回数を減らす！ …… 64

9 Q ハイブリッド車で燃費をよくする走り方を教えてください。
A 発進・加速はエンジンも使うのがコツ！ …… 66

10 Q 電気自動車で電費をよくする走り方を教えてください。
A 時速60㎞前後の一定速走行とコースティングモードを多用する！ …… 68

11 Q スムーズに加速・減速できません。どうしたらよいですか？
A 先読み運転であらかじめ準備しておく！ …… 70

PART 3

［実践編］一般道路

1 Q 車線変更するとき、同乗者の頭が動いてしまいます。
A 同乗者に感じとられないようにジワジワとゆっくり横移動！ …… 74

2 Q 左折をするとき、どうしても大回りになってしまいます。
A 早めに左に寄り、スピードを落として小さく曲がる！ …… 76

3 Q 右折が苦手です。コツを教えてください。
A まっすぐ止めて待ち、隠れた危険を見つける！ …… 80

4 Q 上り坂でスピードが落ちすぎてしまいます。
A 坂の傾斜に合わせてアクセルを深く踏み込む！ …… 84

5 Q 山道の下り坂でスピードを抑えるコツを教えてください。
A フットブレーキを中心にスピードをコントロール！ …… 86

6 Q 山道などの急カーブでブレーキを踏みすぎてしまいます。
A ブラインドコーナーは先が見える範囲のスピードで！ …… 88

7 Q 見通しがきかない交差点では どうやって安全を確認すればよいですか？ 90
A 一時停止してからゆっくりと鼻先を出す！ 90

8 Q 狭い道ですれ違うときのポイントを教えてください。 92
A できるだけ左いっぱいに寄り、クルマを斜めにしないこと！ 92

9 Q 市街地で車線数の多い道路ではどこを走るのが安全ですか？ 94
A 自車と他車の位置関係をふかんで把握しておく！ 94

10 Q 信号が黄色になると通過してよいか迷います。 96
A 青→黄でアクセルを踏むのは品がない！ 96

11 Q 長い距離を後退するとき、たいてい失敗してしまいます。 98
A 3つのミラーを有効に使い、ゆっくり小さくハンドル操作！ 98

12 Q 運転に気を取られ、標識をよく見落としてしまいます。 100
A 目的地までの下調べや同乗者の補助が効果的！ 100

13 Q ヘッドライトは昼間でも つけて走ったほうがよいですか？ 102
A ヘッドライトには自車の位置を知らせる目的もある！ 102

14 Q ヘッドライトは「ロー」と「ハイ」 どちらを使うべきですか？ 104
A 道路状況に応じて使い分けるがハイビームが基本！ 104

15 Q 雨の日にガラスが曇ってしまいます。 曇らないよい方法はありますか？ 106
A 窓をきれいにし、エアコンを活用して車内の湿度を下げる！ 106

16 Q 霧の中ではどんなことに気をつければよいですか？ 108
A ヘッドライトで自車を目立たせ、ゆっくり走る！ 108

17 Q 冬タイヤであれば、雪道でも安全に走れますか？ 110
A 雪と氷では雲泥の差。路面の状態を見分ける！ 110

PART 4 【実践編】駐車・停車

1 Q 上手に駐車するためには どんなテクニックが必要ですか？ 116
A 「アリさんブレーキ」と正しいハンドル操作が決め手！ 116

2 Q バックでの車庫入れで ハンドルを切るタイミングがつかめません。 118
A 後輪が通る道筋をイメージしながらバックする！ 118

3 Q 縦列駐車のとき、枠内に収めることができません。 124
A ハンドルを切る、戻すタイミングを覚える！ 124

4 Q 停止するとき、前のクルマとの距離が あきすぎてしまいます。 128
A かけ始めと終わりに「アリさんブレーキ」を使う！ 128

PART 5 【実践編】高速道路

1 Q ランプウェイでいつもふらついてしまいます。
A ハンドルで修正するのではなくアクセルコントロールで！ …142

2 Q 本線車道に合流するとき、十分加速できません。
A 川の流れに乗るつもりで思いきって加速する！ …144

3 Q 高速道路ではどの車線を走行するのが安全ですか？
A 追い越すとき以外は走行車線を走る！ …146

4 Q 適切な車間距離はどれくらいですか？
A 「車間時間2秒」が世界共通の車間距離！ …148

5 Q 高速道路を走るのが怖いのですが、何か対策はありますか？
A 前は5秒先を見てルームミラーやドアミラーも頻繁にチェック！ …150

6 Q スムーズに車線変更するコツを教えてください。
A ウインカーは早めに出し、ゆっくりと移動する！ …152

7 Q トンネル内を走るのが怖いのですが、どんな理由が考えられますか？
A 流れる壁を見ると怖くなる。視線を先に向けよう！ …154

5 Q コインパーキングのロック板をスムーズに越えられません。
A 段差があるタイプはアクセルを徐々に踏んでいく！ …130

6 Q 広大な駐車場でどこに止めたか忘れます。対策はありますか？
A 周囲の様子と一緒に自車の写真を撮っておく！ …132

7 Q 機械式駐車場は操作が複雑そうで利用をためらってしまいます。
A どんなタイプでも、ゆっくり進んで枠内にクルマを入れること！ …134

8 Q 有人スタンドで給油したほうがよいのはどんなケースですか？
A 無料のサービスを希望するときは有人スタンドがよい！ …136

9 Q セルフスタンドで給油するのが不安です。手順を教えてください。
A 自分の責任で行うが、機械の指示に従うだけ！ …138

PART 6
[実践編] トラブル

3 Q ブレーキパッドを交換する時期の目安はありますか？
A パッドが薄くなると金属が擦れる音が出る！ ……170

4 Q 雨の高速道路で注意することは何ですか？
A タイヤが水の上に乗る「ハイドロプレーニング現象」に注意！ ……172

5 Q パンク対策にはどんな準備が必要ですか？
A ランフラットタイヤかパンク修理キットの搭載は義務！ ……174

6 Q バッテリー上がりはどんなときに起こるのですか？
A 原因はバッテリーの寿命か放電のどちらか！ ……176

7 Q 燃料切れを起こすとクルマにダメージはありますか？
A 電子制御のクルマほどその後のダメージに注意！ ……178

8 Q リモコンキーでドアが開かないときはどうしたらよいですか？
A リモコンキーに内蔵されている機械式キーを使う！ ……180

9 Q キーを閉じ込めてしまった場合は、どうしたらよいですか？
A スペアキーを取りに帰るか、ガラスを割るしかない！ ……182

10 Q 青キップを切られた場合は、どうすればよいですか？
A 反則金を支払い、違反点数が累積される！ ……184

11 Q 走行中にエンジンが止まったらどうすればよいですか？
A クルマを路肩に寄せ、安全な場所で救助を待つ！ ……186

12 Q 事故を起こしてしまったときの対処法を教えてください。
A 人命救助〈救急車の手配〉→警察への連絡→交通整理！ ……188

13 Q 豪雨のとき、とくに注意すべきことは何ですか？
A ドアを開けて室内に水が浸入するなら走行不可！ ……190

8 Q ノロノロ運転のときは何に注意すればよいですか？
A 追突に注意し、よそ見をしないこと！ ……156

9 Q ETCゲートを通過するとき、注意することはありますか？
A 前のクルマが急に止まっても対応できるスピードで！ ……158

10 Q 高速道路の運転に疲れたときのリフレッシュ法はありますか？
A ロングドライブでは2時間ごとに休憩を！ ……160

11 Q 高速道路に入る前はどんなことをチェックすればよいですか？
A タイヤの状態、各種液量などをチェック！ ……162

PART 7 ［実践編］装備・メンテ

1 Q タイヤの空気圧はどのくらいの頻度でチェックすればよいですか？
A 理想は2週間に1回、空気圧をチェック！ 194

2 Q エンジンオイルの交換時期を教えてください。
A インターバルは延びている。目安は粘りがなくなったとき！ 198

3 Q バッテリー交換の目安を教えてください。
A 3年が目安だが、スターターモーターの勢い、ヘッドライトの明るさを見る！ 200

4 Q カーナビを上手に使いこなせません。
A 知っている場所でもナビの誘導で得をする！ 202

5 Q LEDライトはどんなことに優れているのですか？
A 明るいこと、消費電力が少ないこと、寿命が長いこと！ 204

6 Q クルマのボディをきれいに保つと得することはありますか？
A 注意して運転するようになるので事故の減少につながる！ 206

7 Q クルマの室内環境をきれいに保つには何を備えておけばよいですか？
A 掃除機で床もシートもクリーンナップ！ 208

クルマなんでもQ＆A

Q 車検には有効期間がある？ 210

Q 「ユーザー車検」って何？ 211

Q 自動車保険に加入するときのポイントは？ 212

Q 任意保険ではどのようなことが補償される？ 213

Q 交通違反の点数を重ねるとどうなる？ 214

Q 日本の免許証で海外でも運転できる？ 216

Q 免許証をなくしてしまったときはどうすればよい？ 218

Q スピード違反の取り締まりはどのように行われる？ 219

Q 新車購入時にはどのような費用がかかる？ 220

Q 自動車税種別割はいくらぐらいかかる？ 221

Q ナンバープレートの数字は何を意味している？ 222

Q ナンバープレートの封印には意味がある？ 223

※本書の内容は、2021年6月現在の法令に基づきます。

※本書で解説する「バックミラーやドアミラーへの映り方」「ウインドウからの見え方」などは、あくまでも目安になります。当てはまらない車種もあります。

※本書で解説する、機器に関することなどは車種による相違が大きいので、実際には使用されるクルマのマニュアルを読んだり、不明な点は購入店やメーカーなどに問い合わせてください。

PART 1

[基本編]

走行前

Q 運転するときに心得ておきたいことを教えてください。

A 「エコロジー、エコノミー、セーフティ」、この3つを考えた運転を！

出発時はシートベルトをしてからエンジンをかける

クルマに乗り、走り出すまでの運転操作の順序を考えてみよう。

ほとんどのドライバーがエンジンをかけるのが先で、シートベルトはあとから。走り出すまでの間、**むだにエンジンがかかっている**ので、これでは排気ガスは出るし燃料も消費する。

それだけではない。ドライバーがシートベルトをしていないのにエンジンがかかっているという、安全上の問題も大きい。

つまり、エコロジー（環境保護）、エコノミー（経済的）、セーフティ（安全性）という**安全運転で大切な3つの要素のどれも満たしていない**ことになる。

降りるときはエンジンを止めてからシートベルトを外す

クルマから降りるときも、シートベルトを早々に外して、あとからエンジンを止めるドライバーがとにかく多い。**クルマを止めたらすぐにエンジンを切り、それからシートベルトを外す**のが、環境にやさしく、燃料をむだにせず、安全も確保できる方法だ。

これはクルマが止まっているときに行う操作だから、だれでもすぐにできるはず。

シートベルトをしていない状態でエンジンがかかっている、これがいちばんダメ。

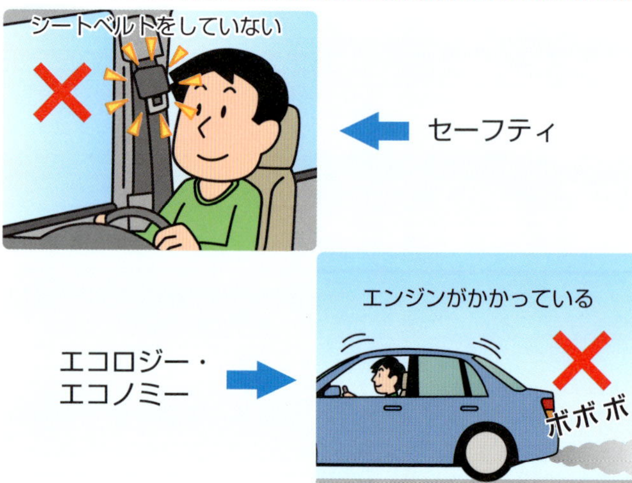

運転術のキホン

安全運転を考えたエンジンオン、オフのタイミング

クルマに乗るとき

まずシートベルトをする。

それからエンジンをかける。

クルマから降りるとき

エンジンを止める。

それからシートベルトを外す。

One point ! 上達レッスン

3要素すべてを満たすことを目指せ！

日本人はとにかく1つのことにこだわりやすい。環境問題がブームになるとエコロジーばかり、経済性が問題になるとエコノミーだけ、安全性に注目が集まるとセーフティだけ。
しかし、総合的に考えて3要素どれも満たす運転を目指さなくてはダメ。

Q エンジンのために暖機運転は必要ですか？

A 止まったまま暖機運転するのはもう古い。始動したらすぐに発進するのが新常識！

技術の進歩により運転方法がガラリと変わった

「寒い日は止まったまま暖機運転をして、エンジンを少し暖めてから走り出すほうがよい」、こう考えるのはひと昔前の運転方法だ。現在は少々事情が違う。

エンジンがコンピュータ制御になり、燃料噴射や点火時期など、そのときの温度に合った制御をしてくれる。だから、**止まったまま暖機運転をする必要はない**のだ。

エンジンがいちばん長持ちするのは最適運転温度のときである。止まったまま暖機運転をしていると暖まるのが遅いし、少し負荷がかかる走行中のほうが最適運転温度になるのが早い。

エンジンを長持ちさせたければ、**始動したらただちに発進する**ほうがよいのである。

もちろん、エンジンが最適運転温度になるまでは、アクセルペダルを目一杯踏み込んだり、タコメーターの針がレッドゾーンに飛び込むほど高回転にしたりするのはよくないが、通常走行するぶんにはまったく問題ない。

また、エンジンが冷えているときに高速道路を走っても大丈夫。昔と違って、**市街地走行より高速道路を走るほうがエンジンにとって負担が軽い**からだ。

コンピュータ制御になった最近のエンジンは、走りながら暖機運転するのが長持ちさせるコツ。

運転術のキホン　エンジンに負荷をかけない発進のコツ

❶すべての準備ができてからエンジンスタート。エンジンをかけたら、ただちに発進できるように準備しておく。

❷止まったまま暖機運転はせずに、ただちに発進する。2～3km走行してエンジンが最適運転温度になるまでは、アクセルペダルを目一杯踏み込まない。

✕ 止まったまま暖機運転する必要はない。

✕ 発進してすぐに「アクセルを目一杯踏み込む」のはよくない。

One point❗ 最新クルマ情報

水温計がないクルマ

最近のクルマは、計器盤から水温計がなくなる傾向になっている。エンジンが冷えているときとオーバーヒートしそうなときだけ、ランプで知らせてくれる方式だ。冷えていてもエンジン回転数が4000rpm以下での走行なら問題ないし、高速道路の走行も回転数が低いからまったく問題ない。

Q 運転していると疲れます。何が原因ですか？

A 運転中に疲れるのは、ドライビングポジションが悪いから！

自分に合った正しいドライビングポジション

正しいドライビングポジションは、安全性を高めるだけでなく、ロングドライブの疲れを軽減することができる。

チェック1　シートに深く腰かける

骨盤を起こすように腰かけることで、運転による腰痛を防ぐ効果がある。
また、急ブレーキをかける際にも有効。お尻の後ろとシートの間に余分なすき間があると、ブレーキペダルをしっかり踏んだつもりでも、体が後ろに下がり、ブレーキを強くかけられない。

チェック2　アイポイントは高めに

運転中の死角を少なくするため、窓から外の情報を得るためには、アイポイント（目の位置）を快適な範囲でなるべく高めにするとよい。とはいっても、天井との間に適度なすき間があくように調節しよう。

チェック3　シートスライドを合わせる

フットレスト（足を置くための台）に強く踏ん張ったときでもしっかり膝が曲がるようにシートスライドを合わせると、カーブでも体が安定する。膝が伸びていると、衝突したときに足の骨を折る確率が約30%も高くなる。

チェック4　シートバックを調整する

ハンドルの12時の位置を持ったときに、肩がシートから離れず、肘が少し曲がる位置にシートバック（リクライニング）を調整する。ハンドルが上下、前後に動く車種は合わせて調整する。これで、体をシートに密着したまますべての運転操作が可能になる。

チェック5　ヘッドレストレイントを調整する

ヘッドレストレイントは、追突されたときなどに頸椎（けいつい）を守るために頭が後ろに行かないようにする背もたれの上部にある安全装置。頭のてっぺんとヘッドレストの先を合わせるように調整する。ヘッドレストを上げるときは上に引っ張り、根元のボタンを押しながら下げる。

運転術のキホン 安全で疲れない姿勢＆シートの位置

チェック5
ヘッドレストの上端を頭のてっぺんと合わせるように調整する【追突されたときに頸椎を守る】

チェック4
ハンドルの12時の位置を持ったとき、肩がシートから離れず、肘が少し曲がるようにシートのリクライニングを調整する【確実な運転操作が可能になる】

チェック1
背中とお尻をシートにピッタリとつけ、深く腰かける【腰への負担が軽くなる】

チェック2
アイポイントが高くなるようにシートの高さを調整する【視野が広くなり運転しやすい】

チェック3
左足をフットレストに乗せて強く踏ん張ったときでも、膝が確実に曲がっているようにシートスライドを調整する【体が安定する】

Q シートベルトの安全な装着法を教えてください。

A シートベルトの安全効果は正しく装着していればこそ！

「衝撃吸収構造ボディ」により高い安全性を確保

最新のクルマの衝突安全性は非常に高い。時速60㎞くらいまでなら、**たとえ正面衝突でも乗員の命が助かるくらい安全**だ。これは、衝撃吸収構造ボディの設計技術向上によるところが大きい。

衝撃吸収構造は、**前から順に壊れることによって衝撃を吸収**し、乗員がいるキャビン（車室内）に大きな衝撃を伝えないようにする技術である。また、衝撃吸収構造ボディは、キャビンが変形せずに生存空間を残す設計になっている。

逆に戦車のように車体全部が頑丈すぎると、衝撃を吸収する部分がないため、衝突と同時にキャビンにも乗員にもそのまま大きな衝撃を与えてしまう。

安全ボディでもシートベルトの装着が必須条件

衝撃吸収構造ボディによって安全性が高まったとしても、それは**乗員全員がシートベルト装着という条件付き**だ。シートベルトをしていないと、衝突したとき、乗員は衝突直前のスピードで車内にたたきつけられることになる。

たとえば時速60㎞では、クルマが衝突したときに、時速60㎞でダッシュボードやハンドルに直接ぶつか

いくらボディが進化しても、安全性の前提はシートベルトを正しく装着していることが条件。

運転術のキホン 進化している「衝撃吸収構造ボディ」

「衝撃吸収構造」とは、クルマが衝突したときに前から順に壊れることによって、キャビン（車室内）にかかる衝撃を抑える構造のこと。前後からの衝突エネルギーをつぶれながら吸収し、高強度のキャビンにより、衝突したときの変形を最小限に抑える。

進化した「ゾーンボディ」の働き

●オフセット衝突
正面衝突で、車体前面の一部だけに負荷がかかる自動車の衝突形態のこと。

衝突第１段階

車室より前方のボディを構成する主要骨格（フロントサイドメンバ）などで衝撃を吸収する。

衝突第２段階

Aピラー（運転席の前方にある柱）とサイドシル（ドア下にある部材）で荷重を分担する。

衝突第３段階

ドアウエストパイプ（ドア内部の骨格構造）で荷重を支える。

＊写真提供：日産自動車株式会社

ると思えばよい。シートベルトをしていない場合、時速20㎞でも死亡することがある。それほどの衝撃があることを知っておこう。

シートベルトにも正しい装着のしかたがある

シートベルトの効果を100％生かすためには、シートベルトに付いているタング（金具）を赤いボタンが付いたバックルにガチャンと入れる。そのあとにショルダーベルト（肩からきているベルト）のいちばん下（バックルのすぐ上）を持ち、自分の顔のほうに向かって引く。ここがポイント。このように**シートベルトのたるみをなくせば、衝突時の拘束力がより増し、安全性がより高まる。**

ベルトが腰骨の上を通っているか、ねじれていないかどうかも確認しよう。

2列目、3列目でもシートベルトの装着は必須

シートベルトの装着率の調査では、運転者や助手席の人はおおむねシートベルトをしているが、2列目、3列目では低い結果となっている。とくに一般道では、おそろしくなるくらいに装着率が低い。

筆者は、タクシーに乗っても必ずシートベルトをする。バックルが隠れていて装着できないタクシーなど、乗り込んで行き先を告げたあとでも躊躇（ちゅうちょ）なく降りる。これも自分の身を守るためである。

後部座席でシートベルトをしていないと、前から衝突した場合、**前の席の人をシートごと押しつぶしてしまうこともある**のだ。だから、自分が運転するときも、同乗者全員にシートベルトの装着を促し、確認してから発進するようにしている。

運転する人は、安全優先のため、けむたがられても同乗者全員にシートベルトの装着を促すこと。

運転術のキホン

シートベルトの正しい装着法

チェック1

ショルダーベルトを引き出し、もう一方の手で金具部分を持つ。

チェック2

タング（金具）をガチャンとバックルに入れる。

チェック3

装着後はショルダーベルトを顔のほうに引っ張り、たるみをなくす。

チェック4

ねじれがないようにして、腰ベルトは腰骨の上を通るようにする。

Q チャイルドシートを使用する基準を教えてください。

A 体格に合ったサイズ・形状のチャイルドシートを。小学生でも必要！

大人用のシートベルトは子どもには合わない

ドイツでは、身長が１５０㎝になるか、年齢が12歳になるまで、乗車時はチャイルドシートに座らなければいけないという法律があり、罰金も科される。

しかし日本では、**チャイルドシートの使用義務は6歳未満の幼児**という規定になっているので、じつに中途半端である。

小学校に入ってもまだ身長が低ければ、大人用のシートベルトではラップベルト（腰ベルト）が骨盤ではなく腹部にかかるし、ショルダーベルトは首にかかる。この状況で衝突したとき、腹部は内臓破裂、首はベルトが擦（す）れて切れるというように、子どもの体を危険にさらしてしまうことになるのだ。

体格に合ったチャイルドシートに換えていく

チャイルドシートはCRS（チャイルド・レストレイント・システム）と呼ばれ、乳児用、幼児用、児童用と体格、体重の変化に合わせて換えられるように**いろいろなサイズと形状がそろっている**。

児童用の「ジュニアシート」でも、お尻の下に置くだけの簡単なものから、バックレストが座高に合わせて伸ばせるもの、横からの衝突にも耐

クルマが衝突したときの子どもの安全を第一に考えよう。

子どもがイヤがっても、安全のため、ベルトは正しく装着する。

えられるように側面にガードが付いているものなどもある。

乳児用、幼児用のCRSは、ISOFIXという統一規格で車側のバーに機械的に簡単に取り付けられるものが増えている。シートベルトと同様にたるみがないように取り付けるとより安全性が高まる。ISOFIX対応型なら取り付けミスが少なく、簡単で安全性も高い。

大きくなるにつれてチャイルドシートの装着率はダウン

乳児のときには高かったCRSの装着率も、幼児、児童と大きくなるにつれて残念ながら下がっていく。たとえ乳児でも使用率は100%ではない。

また、子どもが泣くからとCRSのベルトを外してしまっては子どもの安全を守れない。泣かれても嫌がっても安全を優先しよう。

運転術のキホン　体格に合ったチャイルドシート選びを

乳児用

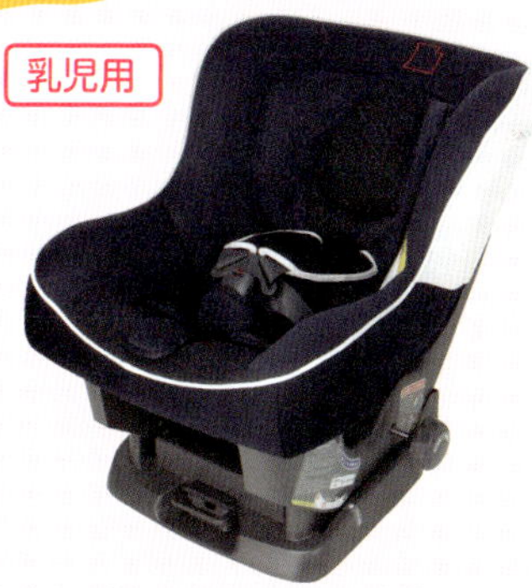

進行方向に対して後ろ向きに装着する。写真は、ハンドルを回すだけで強力に固定できる「プリローダーシステム」を採用した取り付けやすさを追求したチャイルドシート。

幼児用

進行方向と同じ向きに装着する。写真は、国際規格化された世界共通の固定方式「ＩＳＯＦＩＸ」取り付けのチャイルドシート。

児童用

通常のジュニアシートがシートベルトで子どもとシートを一緒に固定するのに対し、写真のシートはクルマのISOFIX取り付け金具に固定ができるジュニアシート。シートベルト固定のジュニアシートに比べてぐらつきが抑えられ、子どもも快適に乗車できる。

＊商品画像提供：タカタ株式会社

Q ミラーを調整するとき、どこが見えるようにすればよいですか？

A 後ろのクルマの位置を正確に把握できる角度に！

ドアミラーはやや下に向けると距離がつかめる

ドアミラーの位置は、ミラーに映る景色によって決める。後方にクルマがいる場合、そのクルマの位置を正確に知ることができれば的確な判断と操作ができる。知りたいのは横と後ろの情報だ。

まず、**自分のクルマの側面が少し映るように調整する**。これで、後ろのクルマが自分のクルマに対してどれくらい横にいるのかがわかる。

次にミラーを少し下に向けて、**手前の路面が映るようにする**。これで、後ろのクルマがどれくらい後方にいるのかがわかる。

ルームミラーは左右中央に合わせる

ルームミラーは**左右中央に合わせ**、後ろのクルマが真後ろなのか、少し左右にずれているのかを確認したい。このようにすると、ミラーを目安に自分が車線の真ん中を走っているかどうかのチェックもできる。

ルームミラーの調節は、後部座席のヘッドレストなどを参考に**中央に合わせる**。鏡を汚さないようにルームミラーの上下の枠を親指とほかの4本の指ではさむように持つ。ミラー本体を少し左右に動かしながら調整すると、思い通りの位置に動かしやすい。

ミラーで確認するのは、ドアミラーからは横と後ろ、ルームミラーからは後ろの情報。

運転術のキホン ドアミラー、ルームミラーの合わせ方

ドアミラーの合わせ方

自分のクルマのサイドが少し映るように調整する。手前の路面が映るように、ミラーを少し下に向ける。

ルームミラーの合わせ方

自分が車線の真ん中を走っているかわかるように、左右中央に合わせる。ミラーを汚さないように、ルームミラーの上下の枠を持つように合わせる。

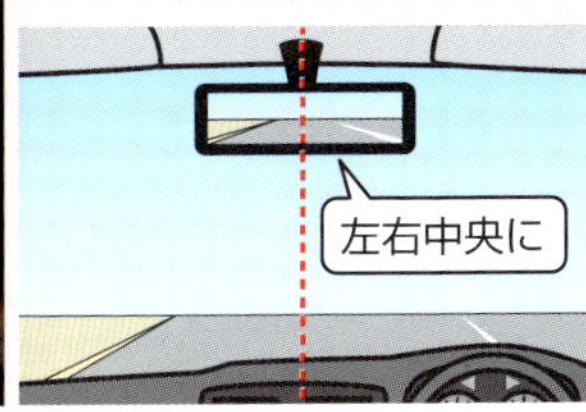

One point ! 安全運転のコツ

ミラーで確認できる範囲

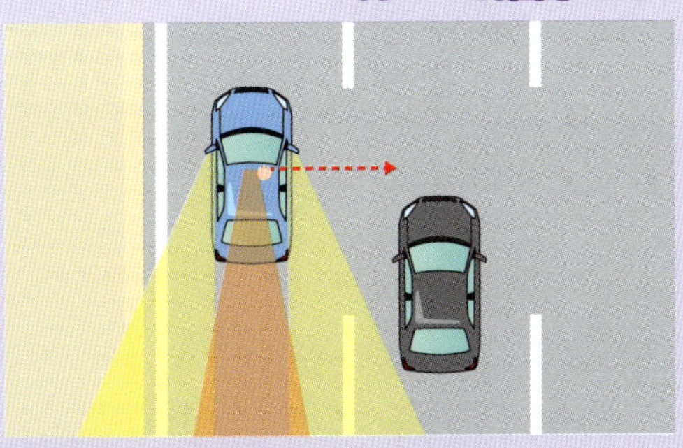

運転中は、ドアミラーやルームミラーをあまり凝視してはいけない。1点に集中するとほかからの情報が入ってこなくなるからだ。頭を動かさなくても3つのミラーから後ろの様子が把握できることを重視しよう。周囲に今どんなクルマがいるのか、ふかんのイメージをもつこと。

Q エンジンをかけるとき、キーを放すタイミングがつかめません。

A エンジン音を聞いてかかったらすばやく放す！

新型車のエンジンは非常にかけやすくなっている

最新のクルマは、ブレーキペダルを踏んだまま**丸いスタート・ストップボタンを1回押すだけ**で自動的にエンジンがかかる。クルマに乗り込んでエンジンをかけるときに、キーがポケットの中など車内にあればエンジンはかかる。

ブレーキペダルを踏まずにエンジンをかけようとすると、スイッチがオンとオフをくり返すだけでエンジンはかからない。

MT（マニュアル・トランスミッション）車の場合は、クラッチペダルを同時に踏んでかける。

古いクルマはエンジンのかけ方で腕がわかった

キーをさして回すというクラシックタイプのクルマの場合も、**ブレーキペダルを踏んでエンジンをかけるのが基本**。ブレーキペダルを踏まないとかからないタイプになってからも久しい。

キーを回すタイプでも1回ひねるだけで自動的にかかるものもあるが、旧タイプではキーをひねり、早く戻しすぎるとエンジンがかからないものもある。

また、キーをひねりっぱなしにすると、スターターモーターがエンジンに回されて異音を発する。

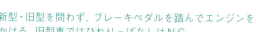

新型・旧型を問わず、ブレーキペダルを踏んでエンジンをかける。旧型車ではひねりっぱなしはNG。

運転術のキホン

クルマのタイプ別 エンジンのかけ方

新タイプ

❶ブレーキペダルを踏み込む。

❷スタート・ストップボタンを1回押す。

旧タイプ

❶セレクターレバーが「P」にあるか確認し、ブレーキペダルを踏み込む。

❷エンジンキーをスタートに向けていっぱいまで回す。

One point❗上達レッスン

旧タイプはキーを放すタイミングで技量がわかる

エンジンがかかった音を聞いてすばやくキーを放せば、最初はモーター音でそのあとは純粋にエンジン音だけで余計な音がしない。これで、ドライバーの技量がわかる。エンジンがかかったあとは、タコメーターの針の位置を確認し、警告灯もチェックしておく。

Q 最新のクルマはパーキングブレーキの操作法が変わっているのですか？

A パーキングブレーキはスイッチ操作だけの電子式が主流に！

パーキングブレーキの主流は電子式になる

最近は、クルマによってパーキングブレーキの場所と操作方法が異なるので、新しいクルマで走り出すときに戸惑うことがある。

ミニバンを中心に、レバーを引っ張るハンドブレーキと呼ばれるタイプから、スペース的に有利な足踏み式のパーキングブレーキが増えた。最新の高級車は、小さなスイッチ、**指1本で操作できる電子式パーキングブレーキが主流**。セレクターレバーをDレンジに入れてアクセルペダルを踏むと自動的にブレーキが解除されるタイプもあるので便利だ。

最近増えている運転席まわりの最新装備

●ウインカー

操作はハーフとフルストロークがあり、ハーフでは車線変更用に3回だけウインカーが出るプログラムが設定できる。

●ヘッドライト

AUTOなら、暗くなると点灯し、エンジンオフなどで自動的に消灯。降りるときもオフにしなくてよい。

●ワイパースイッチ

AUTOに合わせれば、最初に1回拭いたあとは水滴の量に応じて作動し、雨がやめば動かない。感度はスイッチで調節できる。

最新のクルマに搭載された電子式パーキングブレーキは、作動と解除がスイッチだけで行える。

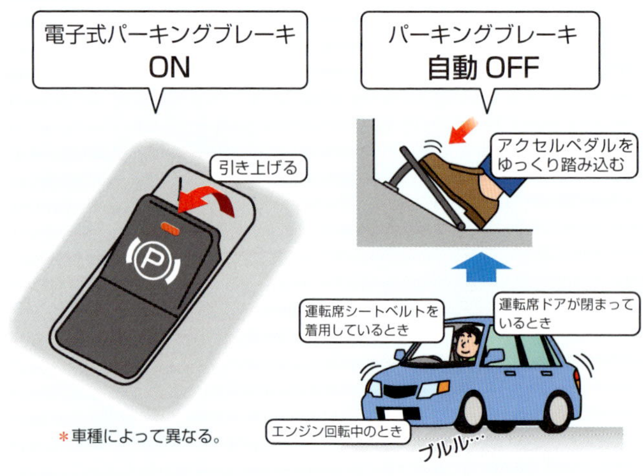
電子式パーキングブレーキ ON
引き上げる
＊車種によって異なる。
パーキングブレーキ 自動 OFF
アクセルペダルをゆっくり踏み込む
運転席シートベルトを着用しているとき
運転席ドアが閉まっているとき
エンジン回転中のとき
ブルル…

運転術のキホン 運転席まわりの最新装備

ワイパースイッチ

AUTOにすれば水滴の量に応じて自動で作動する。

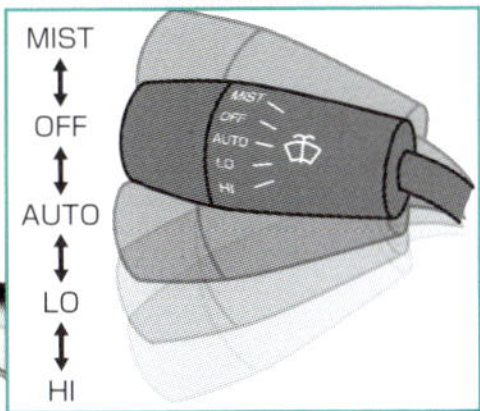

ウインカー

ストロークは「ハーフ」と「フル」ストロークがある。

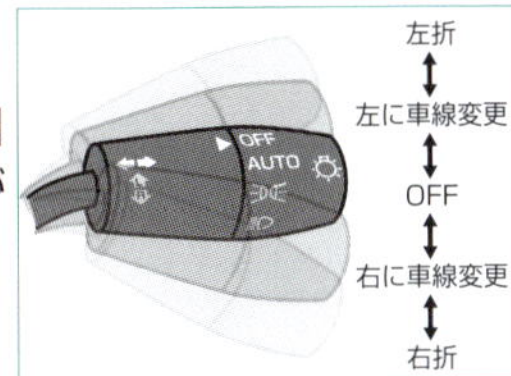

パーキングブレーキ

電動式なら指１本で操作できる。

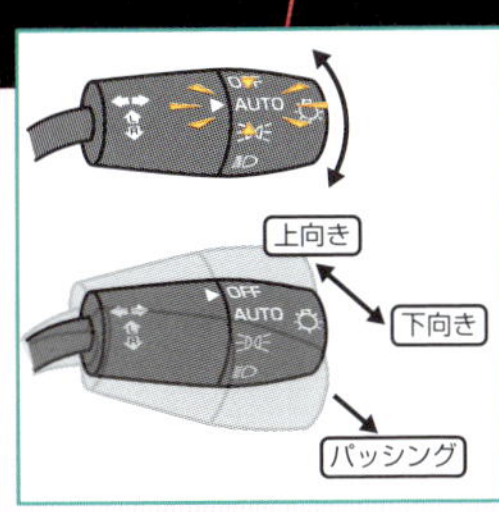

ヘッドライト

AUTOにしておけば自動的に点灯・消灯する。

Q AT車のセレクターレバーをスムーズに操作するコツを教えてください。

A ロック解除ボタンを押さなくても動く範囲はそのまま操作！

ボタンを押さずに動かせる範囲を知っておくとよい

AT車のセレクターレバーは車種によって若干の違いはあるが、**Pレンジから動かすときにブレーキペダルを踏んでいること**、また**セレクターレバーのロック解除ボタンを押しながら動かす**という2つの条件がある。

ボタンを押さないと動かせない位置と、ボタンを押さなくても動かせる位置があることを知っておき、必要なときだけボタンを押すようにしよう。Pレンジから動かすときも、Pレンジに入れるときもボタンが必要だ。

シフトパターンはP・R・N・Dという順番

RまたはNレンジからDレンジに入れるときは、ロック解除ボタンを押さなくても動く。これを知っておくと、PレンジからDに入れる操作のとき、**Rを通過する時点ではロック解除ボタンを放してよい**ことがわかる。

たとえば、Dレンジで運転中、駐車するためにRに入れるとき、ほとんどのドライバーはDからロック解除ボタンを押す。しかし、Nまではボタンを押さずに動くので、NからRに入れるときにボタンを押して1段前にすればよい。

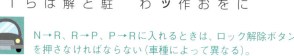

N→R、R→P、P→Rに入れるときは、ロック解除ボタンを押さなければならない（車種によって異なる）。

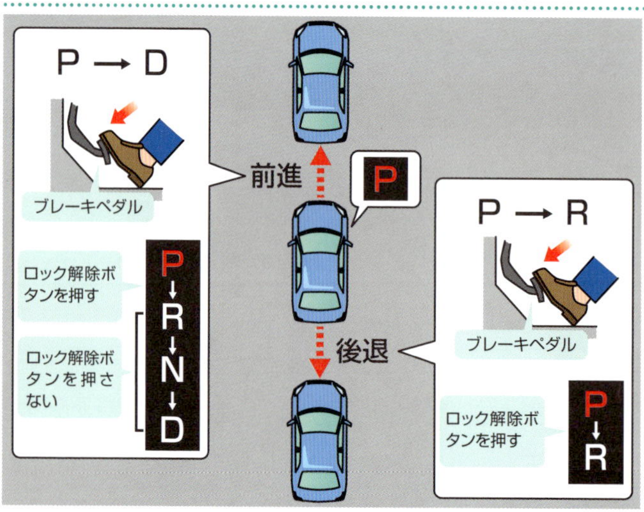

運転術のキホン ATセレクターレバーと操作法

P（パーキングレンジ）
固定されたギヤにかみ合って、クルマが動かないようになる。
N（ニュートラルレンジ）
エンジンの力がタイヤに伝わらない。
D（ドライブレンジ）
通常クルマを前進させるときに入れて、スピードとアクセルの開度により自動的にギヤが変わる。
R（リバースレンジ）
クルマをバックさせるときに入れる。
P
R
N
D
M

One point! 上達レッスン

ロック解除ボタンは必要なときだけ

D→R に入れるとき

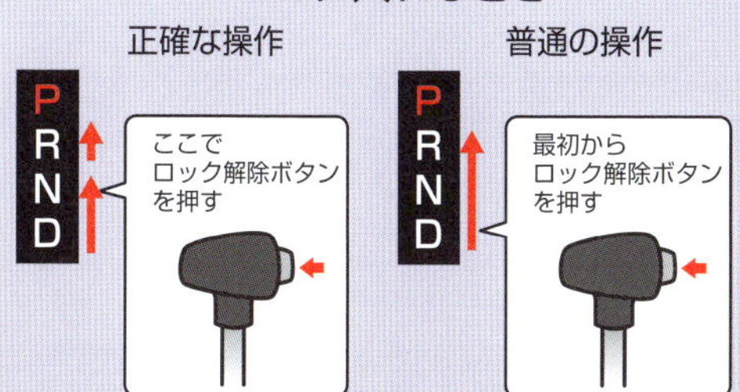

セレクターレバーを動かすとき、ロック解除ボタンを必要なときだけ押すクセがつけば、すばやく正確な操作ができるようになる。ボタンを押したまま操作していると、せっかくの安全装置が作動しない。

自動的にPレンジに入る「電子シフト」

電子シフトは、最新のクルマに搭載されたATセレクターレバーである。

　トランスミッション（変速機）とセレクターレバーは機械的につながっているわけではなく、**ドライバーの操作を電気信号に変えて指示を出す方式**になっている。

　たとえば、DレンジやRレンジなどにギヤが入っている状態のままエンジンをオフにしたとしよう。

　すると、エンジンが止まるだけでなく、シフトも自動的にPレンジに入る車種もある。これが電子シフトのメリットだ。

　また、シートベルトを装着していなかったり、ドアを開けたまま走りそうになったりしても安全装置が働くタイプもある。

意図しないときにPレンジに入ってしまうことも

電子シフトは便利なシステムだが、**ドライバーが意図しないときにPレンジに入ってしまうことがある**。電子シフトならではの作動だが、これも安全性を重視しているからである。

　車種によりシートベルトをしていないなどの条件はあるが、低速で走行中にドアを開けると自動的にPレンジに入り、クルマはそこで止まってしまうことがある。

　バックで車庫入れするとき、後方を見ようとドアを開けたとたんにクルマが止まってしまうということもあり得るのだ。

　また、雪道などを走行中、路面の状態を確かめようとドアを開けても自動的にPレンジに入ってしまうことがあるので気をつけよう。

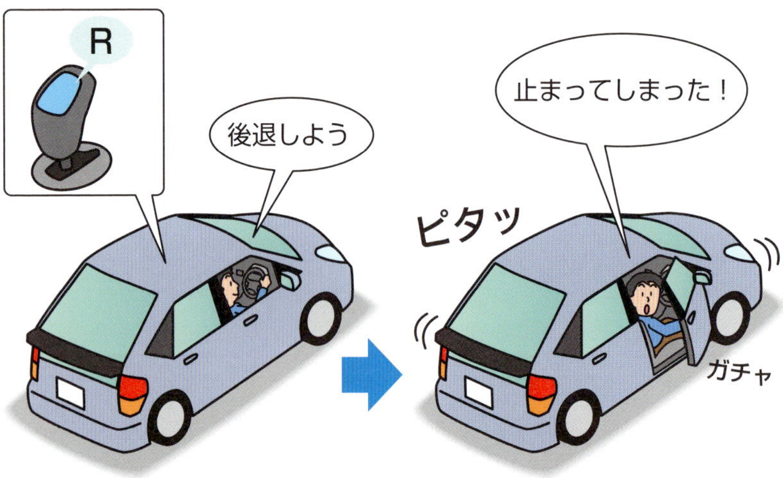

電子シフトを搭載したクルマは、安全のためドアを開けたとたんにクルマが止まってしまうということも。

運転術のキホン 最新式の電子シフトと電動パーキングブレーキ

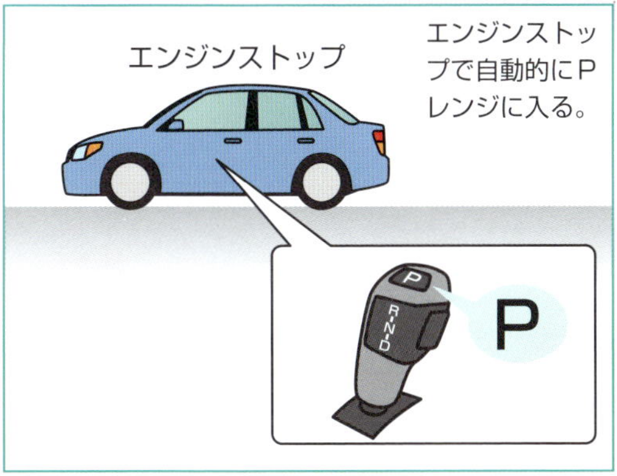

エンジンストップで自動的にPレンジに入る。

手首と指先だけで操作ができる。

Q MT車のギヤチェンジでギクシャクします。何が原因ですか？

A クラッチペダルを戻すのが早い、または遅い。つながる感覚を覚えよう！

半クラッチ手前の4分の1クラッチがポイント

MT（マニュアル・トランスミッション）車を発進させるとき、多くのドライバーは先にエンジンの回転数を上げて、クラッチミート（クラッチをつなぐこと）させ、回転数を下げて発進する。しかし、それではスムーズではないし、クルマを傷めてしまう。

まず、クラッチペダルを戻す途中の**半クラッチ手前の1／4クラッチで一度止める**。目安はエンジンの力が少しタイヤに伝わりかけたところ。それからアクセルペダルを踏み込むと同時にクラッチペダルを戻すと、エンジン回転数の上昇とともにスムーズに発進することができる。

肩の力を抜いてゆっくり正確に操作する

MT車の構造を知ると、丁寧に操作する意味がよくわかる。

走行中、ギヤチェンジするとき、次のギヤに回転数を合わせるシンクロナイザーリングに軽く押し当てると、回転数が合ったときにシフトレバーは吸い込まれるように次のゲートに入る。力はいらない。肩の力を抜いてゆっくり操作しよう。

実際にはすばやくニュートラルにし、**早めに次のギヤ方向に軽く押し当てるだけでよい。**

クラッチペダルを戻すタイミングは早すぎても遅すぎてもガクンというショックが出る。

○
前後方向のショックがないタイミング
×
クラッチを戻すのが早すぎるとショックが大きい
パッ
ガクン

運転術のキホン

スムーズなクラッチ操作とギヤチェンジ

スムーズなクラッチ操作

1/4 クラッチで止める

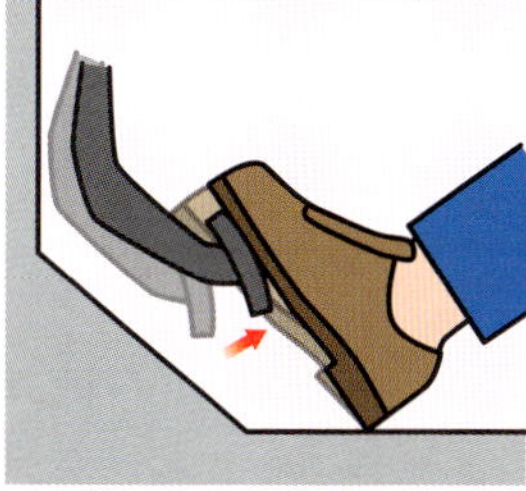

クラッチペダルを戻す

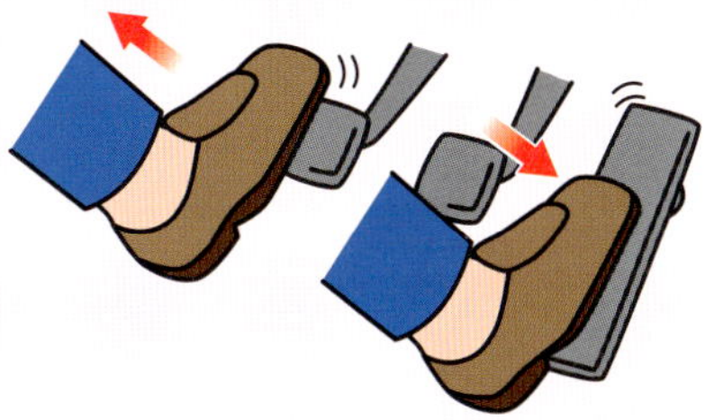

❶左足でクラッチペダルをいっぱいに踏んだ状態からゆっくり戻してきて、クルマが動きそうになってきたところで一度止める。

❷右足でアクセルペダルを踏み込みながらクラッチを戻していくと、スムーズに発進できる。

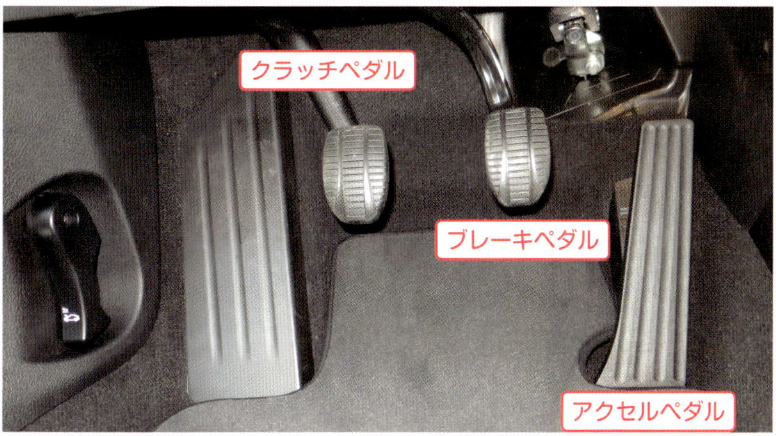

スムーズなギヤチェンジ

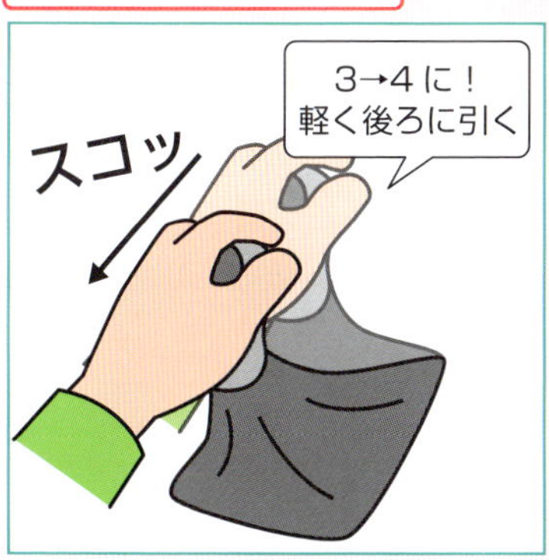

次のギヤ方向に軽く押し当てる。

シフトチェンジに力はいらない。回転数が合えばスムーズ。

クラッチミートでのショックは少ないのが理想

シフトアップしてクラッチペダルを戻したときは、ショックがないのが理想だ。だからといって半クラッチを使って滑らせては、クラッチディスクが摩耗してしまう。

エンジン回転数とスピードが合うようにタイミングを合わせるのがコツになる。

クラッチをつないだときに減速するようなショックがあればタイミングが遅いので、もっと早くクラッチをつなぐ。加速方向のショックならエンジン回転数が高いので、回転数がもっと落ちるタイミングでクラッチをつなぐ。

シフトダウンは加速の準備のために行う

ブレーキをかけると同時にシフトダウンをしてエンジンブレーキを使うドライバーは意外と多い。

しかし、エンジンブレーキのためのシフトダウンは昔のクルマの運転方法で、山道の長い下り坂を走るとき以外はあまりおすすめできない。**シフトダウンしたあとは、少しエンジン回転数を上げてクラッチミート**すればスムーズに走れる。

どれくらい上昇させればいいのかは経験で得るしかないが、スピードが下がってからシフトダウンするのであれば、エンジン回転数は気にしなくてもよい。

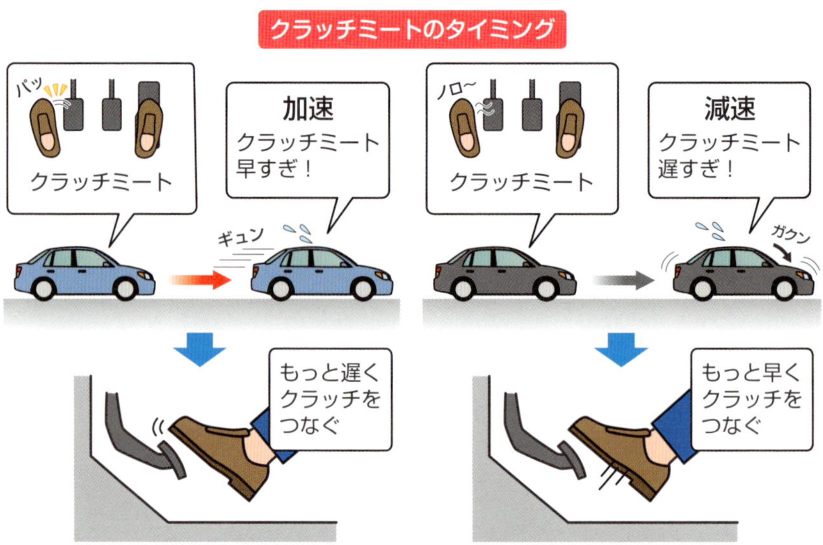

運転術のキホン 効果的なシフトアップのしかた

シフトアップの目安

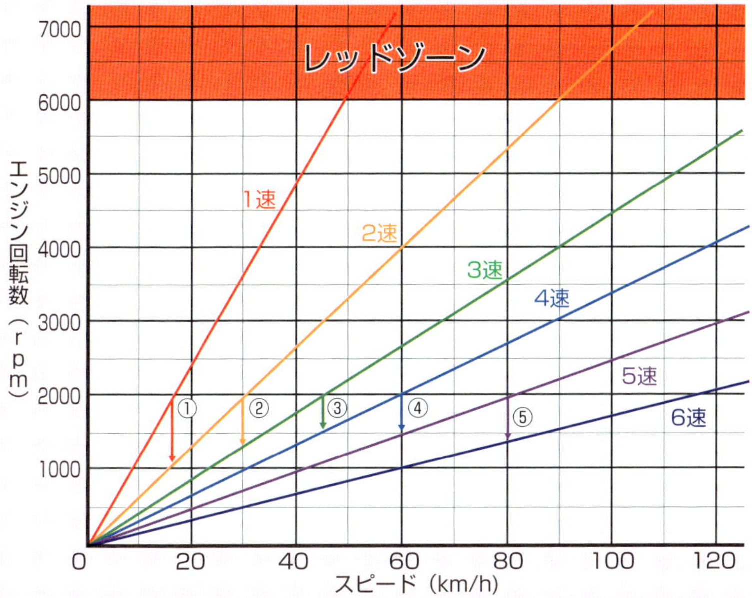

① 1速→2速　② 2速→3速　③ 3速→4速　④ 4速→5速　⑤ 5速→6速

どのエンジン回転数の領域を使ってシフトアップするのがよいか。回転数が低いと燃費がよいことを考えると、2000rpmくらいでシフトアップするのを目安と考えましょう！

よいシフトアップの例

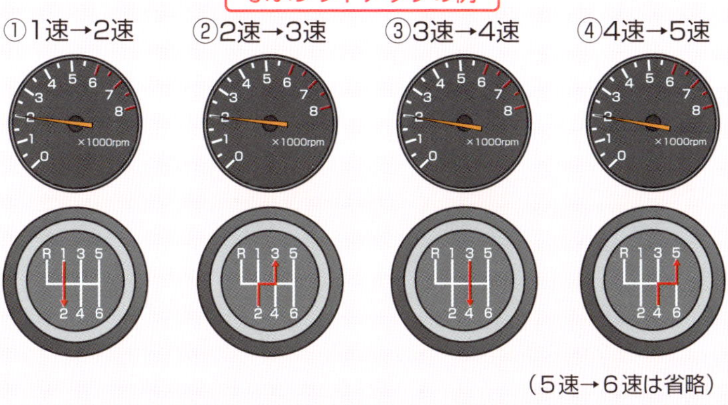

（5速→6速は省略）

Q ハンドル操作の基本を教えてください。

A ハンドルはいつも同じ位置を持ち、前に押すように切る！

左手は9時、右手は3時がホームポジション

まずは、**手のひらの親指の付け根の膨らみに近いところで、ハンドルのリム（輪）の部分を前に押すように持つ**。左手は9時、右手は3時が基本だ。

左右の親指はスポークの上に軽く掛け、あとの指はリムの裏側に軽く絡めておく。曲がるときは左手9時、右手3時の位置から両手で同時に切っていく。右切りは左手、左切りは右手がメインとなる。

左切りの場合で解説しよう。

ハンドルを前に押しながら切っていくと12時を過ぎるあたりでスポークに掛かっていた親指がリムの外側に出る。左手は7時より下ではハンドルから放す。右手は小指と薬指でリムを握りながら7時まで切っていく。ここまでが**アクション1**だ。

もっとたくさん切る場合は、ここからは片手で操作することになる。右手が7時まで切った時点で左手を1時の位置にもっていき、右手を放して左手で切っていく。

9時まで切ったら**アクション2**。ここでハンドルはちょうど1回転。右手は3時を持ち、もう一度左に切ると**アクション3**になる。

戻すときも、右切りも同じように、ハンドルの同じ場所を持ちながら操作する。

左手9時、右手3時を持つのは、衝突してエアバッグが展開したとき、腕の負傷を少なくする意味もある。

運転術のキホン

基本的なハンドル操作のしかた（左に切る場合）

アクション1（右手：3時から7時まで）

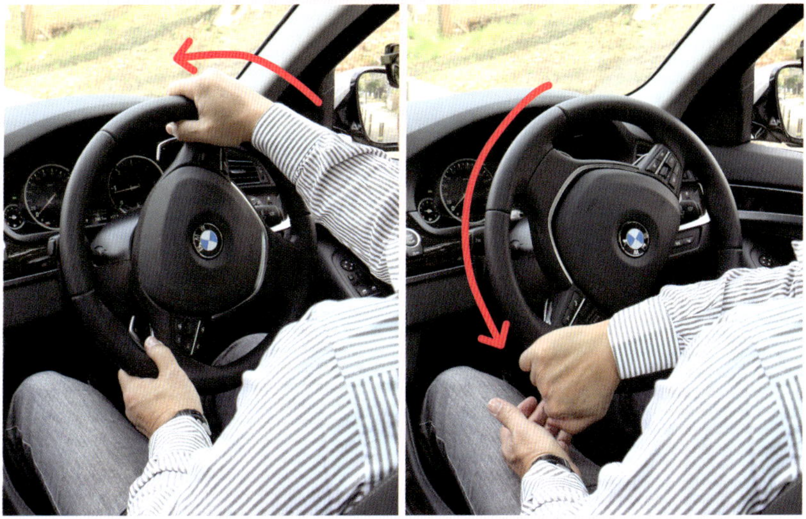

左手は9時、右手は3時からスタート。右手で7時まで切るとアクション1。

アクション2（左手：1時から引いていく）

アクション2は、左手は1時の位置を持って9時まで切り、右手は3時を持つ（これで1回転）。必要があれば、右手でもう1アクション（アクション3）。

＊参照動画：YouTube「運転が上手くなるハンドル操作」

ハンドル操作は3日間ほどの練習でマスターできる

正しいハンドル操作には、2つの大きな目的がある。

1つ目は、**どちらにどれくらい切っているかタイヤの向きを正しく把握すること。**

クルマが動いた方向がハンドルの向いている方向とわかるのでは、対症療法的な運転になってしまう。

2つ目は、**自分の力で直進状態に戻せるようにすること。**

アクション1だけハンドルを切っていたら**アクション1**だけ戻せばよく、**アクション3**までハンドルを切ったら**アクション3**のぶんを戻せばよい。これで、角を曲がったあともクルマがふらつかないでスムーズに直進に戻ることができる。

ハンドル操作は、3日間ほど続けて練習すればマスターできる。

正しいハンドル操作ではさらにこんなメリットが

メリットはまだある。

【メリット1】

いっぺんにたくさん切れる

大きな交差点を曲がる程度ならアクション1で曲がれる。サーキットやワインディングも同様だ。

【メリット2】

上体が安定する

ハンドルを前に押すように操作することで、カーブの手前で背中がシートバックに押さえられて上体が安定する。

【メリット3】

ステアリング・インフォメーション

この操作方法では、ハンドルを押し上げるように切るためにタイヤのグリップの様子が直接手に伝わってきて、滑りやすい路面も自然に感じ取れるようになる。

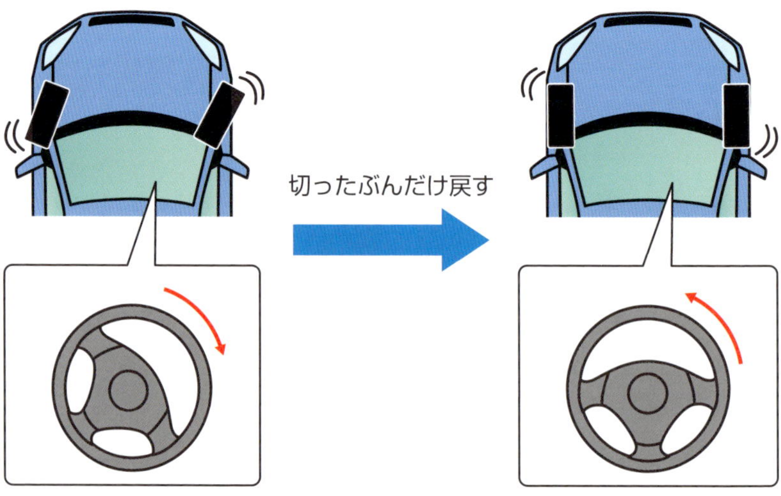

ハンドルを切ったぶんだけハンドルを戻す。そうすれば直進状態に戻せる。

運転術のキホン

正しいハンドル操作の目的とメリット

目的1

どちらにどのくらいハンドルを切っているか、タイヤの向きを正しく把握すること。

目的2

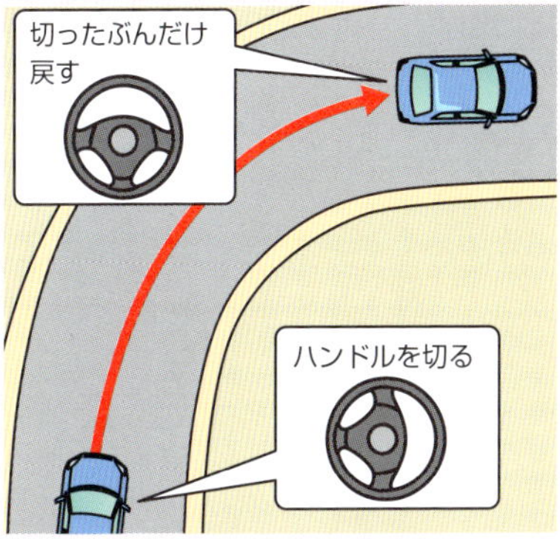

自分の力で直進状態に戻せるようにすること。

メリット1

ハンドルを一度に大きく切ることができれば、少ない操作回数で正確に動かせる。

メリット2

カーブなどでハンドルを切ったとき、シートバックに背中が押さえられて上体が安定する。

メリット3

路面の状態がハンドルを通じてわかる（ステアリング・インフォメーション）ので、事前に危険を把握できる。

Q ブレーキとアクセルのペダル操作の違いはどんなことですか？

A どちらも同乗者の頭が動かないように操作する！

まずは基本の「アリさんブレーキ」をマスターする

ブレーキを踏むときは、**ペダルの中央に右足の親指の付け根の骨がくるように合わせる**。これは、力を入れやすくするためと制動力のコントロールをしやすくするためだ。

通常の**ブレーキはかかとをフロアに付け、足首の動きで操作する**と制動力を正確にコントロールできるようになる。

かかとをフロアに付ける理由は、ブレーキをかけることにより前後方向のG（重力加速度）が変化するが、そのときに体に力がかかっても踏力が変化しないようにするためだ。足が空中に浮いた状態だとGの変化で踏力が変わり、正確なコントロールがしにくくなる。足が小さい女性ドライバーなどはフロアにかかとを付けにくいかもしれないが、ペダルを踏み込んだ状態からならかかとを付けやすくなるはず。

いかに正確なブレーキが踏めるかは、「**アリさんブレーキ**」で確認できる。Dレンジでブレーキを放すとクリープ（左ページ「トクする予備知識」を参照）でクルマが動き出すが、これをブレーキで抑えてアリが歩くようなスピードでジワジワと走らせるのが「アリさんブレーキ」。

じつは、はじめて運転する人でもすぐにできるテクニックなのだが、**足**

ペダル操作は、かかとをフロアに付けてコントロールしていく点では同じ。

ブレーキ

アリさんブレーキ

アクセル

細かい右足の動き

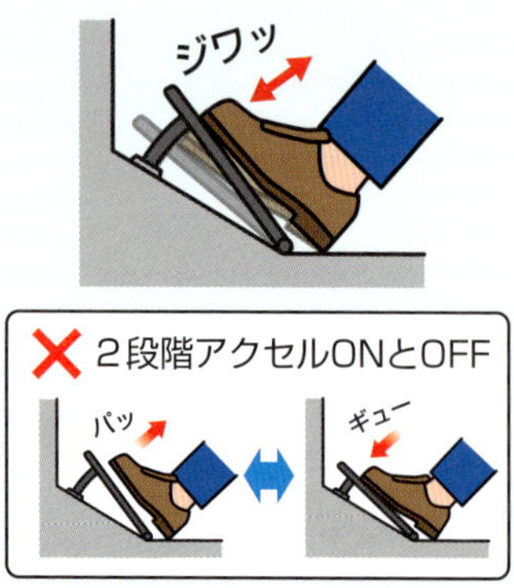

運転術のキホン　ブレーキペダルの操作法

〇

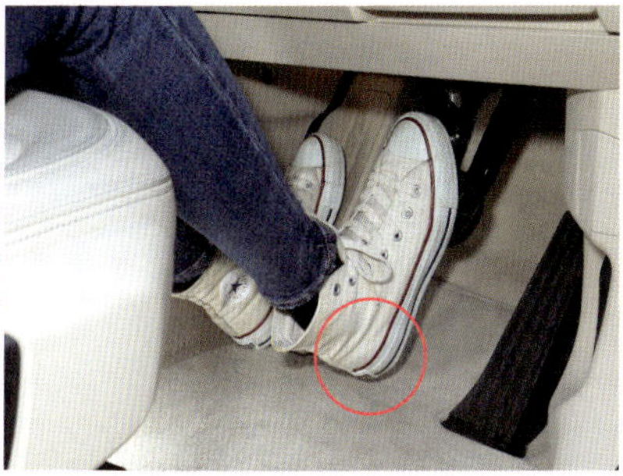

ペダルの中央に右足の親指の付け根の骨がくるように。

×

足が空中に浮いた状態だと正確なコントロールがしにくい。

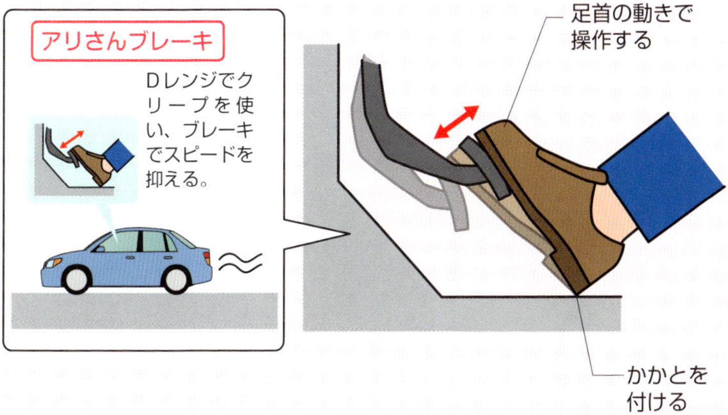

One point！ トクする予備知識

クリープ現象

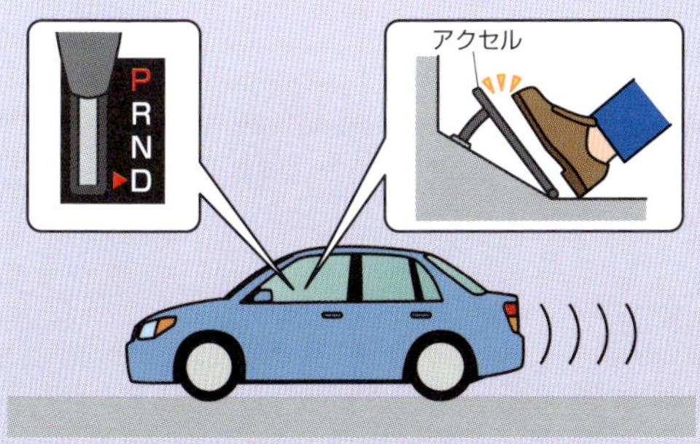

エンジンがかかっていて、セレクターレバーが「P」か「N」以外の位置にあるとき、平坦路でアクセルペダルを踏まなくてもクルマがゆっくりと動き出す、ＡＴ車特有の現象。
アリさんブレーキは、この特性を利用したブレーキペダルのデリケートな操作で実現する。

首の微妙な動きは逆に長年運転しているドライバーには難しいようだ。これができると後述のスムーズドライビングも楽にできるようになるし、車庫入れや縦列駐車などのときも、クルマをゆっくり動かすことでハンドルが追いついてうまくできるようになるので、ぜひ練習してほしい。

アクセルは2段階ではなく細かい操作が必要

アクセルペダルを、ON・OFFスイッチのように2段階でしか操作しないドライバーは多い。AT車では、発進のときにアクセルペダルを踏んで加速し、スピードが出たらアクセルペダルを全部戻すという運転になりがちだ。そして、スピードが落ちるとまたアクセルを踏むというパターン。これはドライバーに自覚症状がないので直らない。ぜひ一度意識してチェックしてもらいたい。

アクセルが2段階の運転はつねに加速状態か減速状態にあるので、同乗者の乗り心地がよくない。「うちの子どもはクルマ酔いしやすいんですよ」と言う両親の運転は、この2段階アクセルのケースが多い。

同乗者の立場では、加速して希望のスピードに達したらそこで一定スピードで走り、減速が必要になったらアクセルペダルを戻したり、ブレーキを踏んだりというスピード変化が好ましい。

そのためのアクセル操作は、極端な話、**1000段階になるくらいの細かな右足の動きが要求される**。希望のスピードになるように意識した踏み込み量にして、むだに深く踏み込まない。希望のスピードに近づいたら徐々にアクセルペダルを戻し、穏やかに希望のスピードに乗せる。そこからは一定のスピードになるように微調整すればよい。

ON・OFFのような2段階のアクセル操作は、同乗者の乗り心地がよくない。

細かいアクセル操作で、ペダルをむだに踏み込まない。

運転術のキホン アクセルペダルの操作法

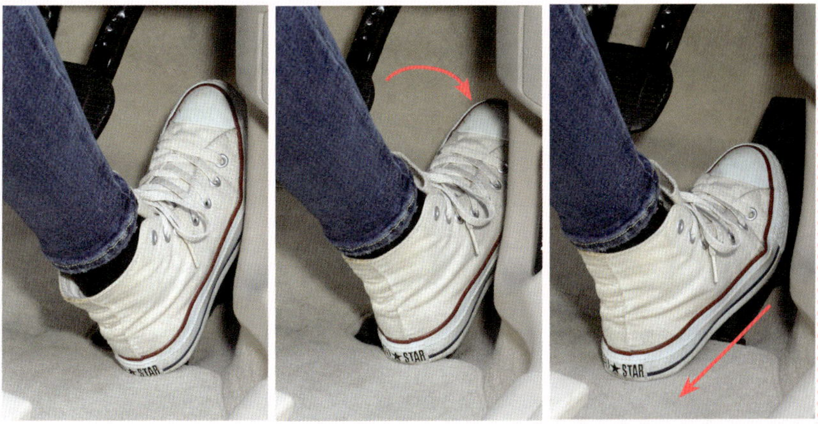

アクセルペダルは、1000段階になるくらいの精密な右足の動きで操作する。

一定スピードで長距離を走るときは、かかとを手前に引いて下のほうを踏むと楽。

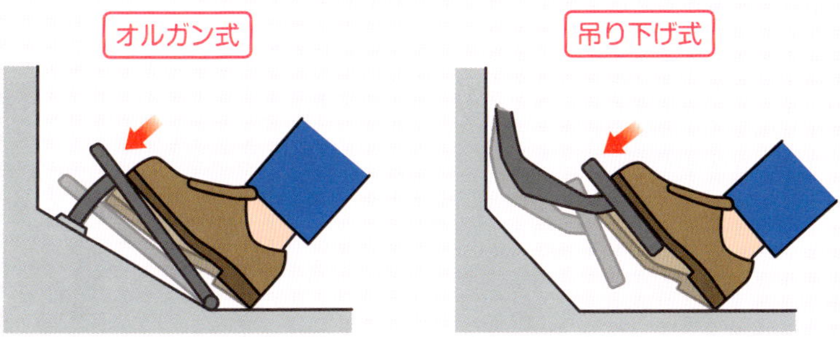

●下のほうが重い。高速走行など、一定のスピードでアクセルペダルを踏むときによい（かかとの位置をペダルから遠くする）。

●下のほうを踏むと足が外れることがある。フロアマットを正しい位置にセットすることも大切。

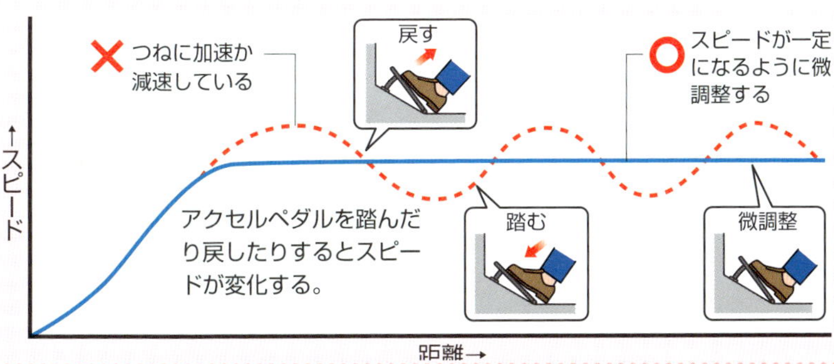

Q ドアを開けるときに注意すべきことは何ですか？

A 一気に全開するのは危険。安全を確認して必要最小限に！

乗り込むときはドアハンドルを持ち、いっぺんに全開にしない

ドアロックを解除し、ドアハンドルを引けばドアは簡単に開くが、**開ける前に周囲に気を配ることが大事**だ。接近してくるクルマやバイク、自転車にも注意を払う。

また、ドアが開く範囲にガードレールなどの障害物がないか、駐車場なら隣のクルマとの距離も考えて開ける。

ドアはいっぺんに全開にせず、乗るために必要なぶんだけ開けるようにする。そして、開けたあとにドアが止まっていることを確認してからすばやく乗り込む。

降りるときはとくに周囲を確認してからドアを開ける

クルマから降りるときは、乗り込むとき以上に周囲への注意が必要である。**安全確認がしにくい**からだ。とくに路上にクルマを止めて降りるときは、後続車がそばを通る可能性もあるし、バイクや自転車が来ることも考えなくてはならない。

ドライバーはドアミラーで安全を確かめることができるが、助手席や後部座席の人はわざわざ振り返って確認しなければならない。わかっていない人が降りるときには、**ドライバーが先に降りてドアを開けてあげよう**。

自分が乗る、または降りるために必要なぶんだけドアを開け、すばやく乗り降りするのが安全。

ドアを全開にして
降りると…
ガチャ
!

ドアを開けすぎて
乗ろうとすると…
!
ガツン

運転術のキホン 安全なドアの開け方

クルマに乗るとき

必要なぶんだけドアを開け、その後すばやく乗り込む。

クルマから降りるとき

＊ほかの人が降りるときも同じ。

❶ミラーや直視で安全を確認し、ドアを少しだけ開ける。

❷後方の安全を確認する。

❸降りるために必要なぶんだけドアを開け、すばやく降りる。

One point❗ 安全運転のコツ

ドアが止まる位置を確認しておく

クルマのドアは最大に開く途中に2～3か所止まる位置がある。その位置で止まるまではドアが勝手に動くので、手を放さないほうがよい。ドアが止まったのを確認してから乗り降りするほうが楽にできる。これは後部座席用ドアも同じ。

Q スマートなドアの閉め方を教えてください。

A 途中で一度止め、最後までドアハンドルを放さずに閉める！

20cmほど手前で一度止めてからドアを閉める

クルマのドアを勢いよくバーンと閉める人は多いが、安全のためには**閉まる20cmほど手前で一度ドアを止め**、安全確認してからドアハンドルを持ったまま閉めるのがスマートだ。こうすると、だれかの手をはさむ可能性は低くなるし、勢いをつけて閉めるときより、むしろよい音でドアが閉まる。

クルマに乗り込んで中から閉める場合も、クルマから降りたときに外から閉める場合も、**ドアハンドルを最後までしっかり持ったまま閉める**ようにしよう。

ソフトクローズを生かすにはゆっくり閉めること

半ドアにならないように、最後は中から引っ張るようにゆっくり閉まる「**ソフトクローズ装置**」が組み込まれている高級車も増えている。上品にドアの開閉ができ、深夜の住宅街でも静かに乗り降りすることができる。

この装置を最大限に生かすには、**ドアを最後までゆっくりと閉めることが肝心**だ。

最後のほうはどうしても勢いをつけたくなるかもしれないが、そこはちょっと我慢してゆっくり閉めてほしい。

ドアを閉めるときも安全を優先。指を挟むと大けがをする。

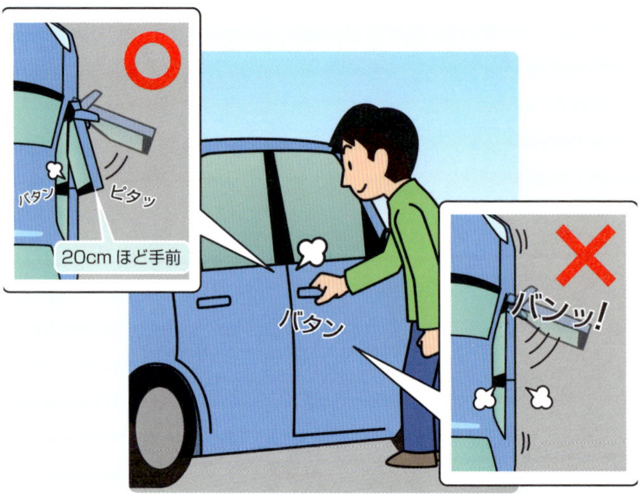

運転術のキホン

安全なドアの閉め方

クルマから降りるとき

❶クルマから降りてドアを閉めるときは、20㎝ほど手前で一度止める（安全確認）。
❷そのままドアハンドルを押して、完全にドアを閉める。

スライドドアの閉め方と注意点

＊オートの場合は最初の操作だけでよい。

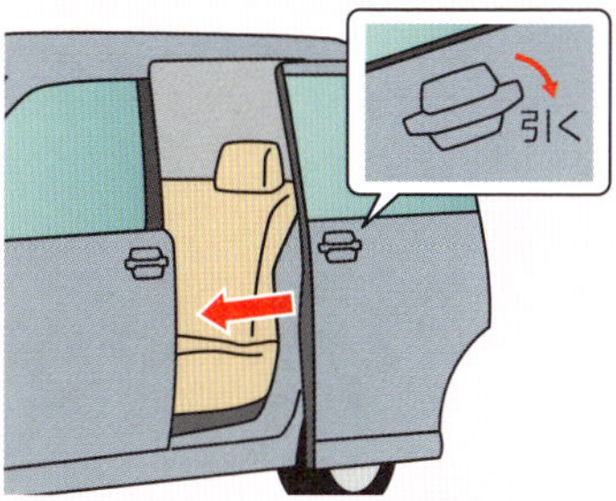

車外から全開のドアを閉めるときは、ストッパーを解除し、車内に人が乗っているときは挟まないように注意する。

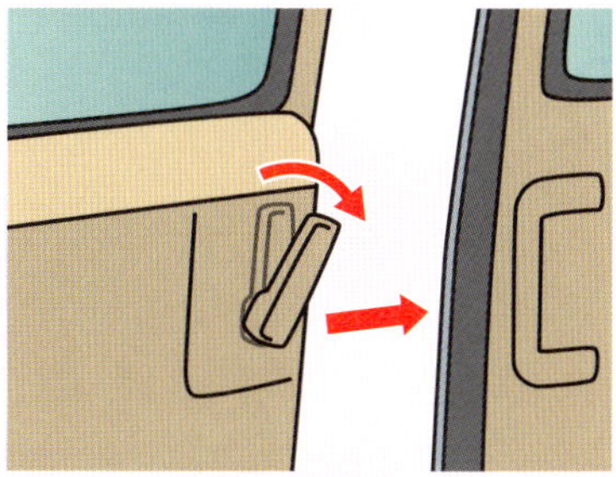

車内からドアを閉めるときは、内側のハンドルを閉める方向に引く。手を挟まないように注意する。

One point ! 最新クルマ情報

ソフトクローズシステム

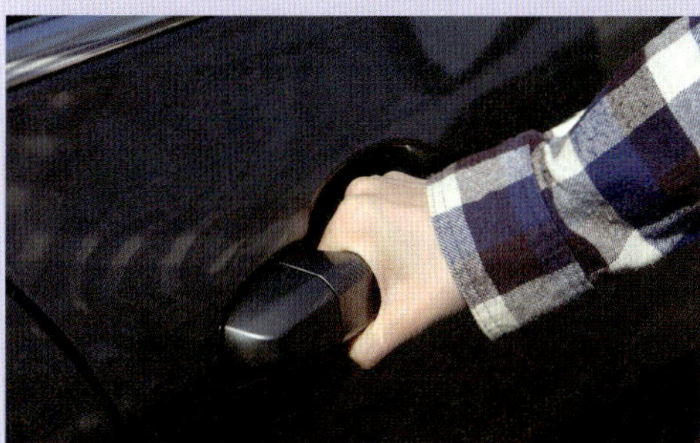

静かにドアを閉めるため、半ドアにならないようにクルマが自動的にドアを引っ張り込む装置。バーンと閉めるのではなく、半ドアの位置まで自分でゆっくり閉め、手を放さずに押し込むことでしっかり閉まるが、タクシーのように自動で閉まるわけではない。

コラム モータリゼーション先進国 ドイツに学ぶ 1

アウトバーンの走り方

ドイツのアウトバーンは、乗用車は無料なのでインターチェンジに料金所がない。一般道からそのままアウトバーンに入れ、そのまま出られる。インターチェンジはたくさんあり、とても便利だ。

右側通行の国なので、通常走行のときはいちばん右側の走行車線を走らなければならない。車線変更するときも走行スピードが速いから早めの対応が必要になる。追い越しは左側から行い、車線変更をしない追い抜きも左側からに限定される。

時速130kmがアウトバーンの推奨スピードだが、とくに制限がない場合はそれ以上のスピードで走ることが可能。しかし、時速130kmを超える走行は十分な安全が確保できる場合に限られる。スピード制限がある区間も存在する。工事区間はもちろん、カーブがきつい場所、インターチェンジ付近、横風が強い区間、住宅が近く夜間騒音を出せない区間なども制限される。雨の日の制限スピードは、数字の標識の下にbei Nässe（バイネッセ）と表示される。ハイドロプレーニング現象が起こりやすい場所・状況だと思ってよい。

先行車との車間距離は、走行スピードによらずに２秒以上取らなくてはならない。警察の取り締まりも２秒未満が対象になる。

PART 2

［基本編］

走行時

Q 前方の車両感覚をつかむには何を目安にすればよいですか？

A フロントバンパーの位置を正しくつかむコツがある！

外から見てもらいナンバープレートの位置を合わせる

前方の車両感覚をつかむには、まず、だれかに見てもらいながら、**前のナンバープレートの位置を駐車場などの長い横線にピタリと合わせて止める**練習をしてみよう。

❶正しいドライビングポジションに座り、停止目標ラインの直前にクルマを止める。

❷クルマの前の横線の延長を右側の窓からチェックする。このとき、あまり頭を動かさないこと。たいていのクルマは、ドアミラーの下側に横線の延長が見えるはず。

❸その延長線と重なるドアの縁にテープなどで目印をつけ、一度バックしてから目印に合わせて止める。

目印なしでも正確に合わせられるように練習しよう

目印を頼りに前の停止線や縁石に合わせて止めるように練習するうちに、**徐々にクルマのフロントがどのあたりなのかがわかってくるはず**だ。これが車両感覚。

クルマのフロントの位置がつかめたら、今度は形や大きさの違うほかのクルマでも実践して、前がどのあたりなのかがわかってきたら本物である。信号の停止線にピタリと合わせて止めてみよう。

前方の車両感覚は、前のバンパーがどこにあるかを把握することが大切。

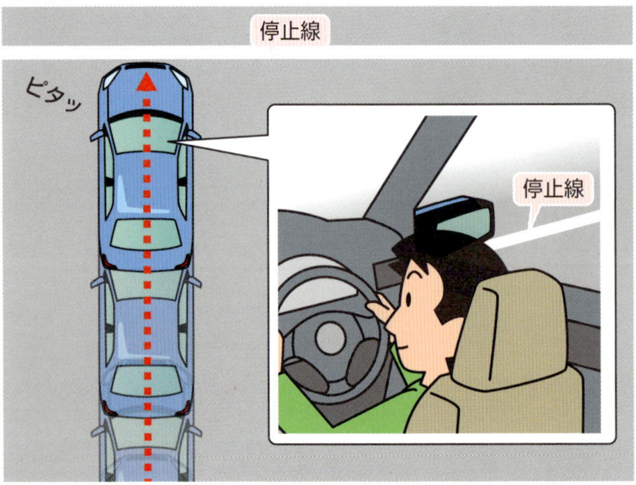

運転術のキホン 前方の車両感覚をつかむための練習法

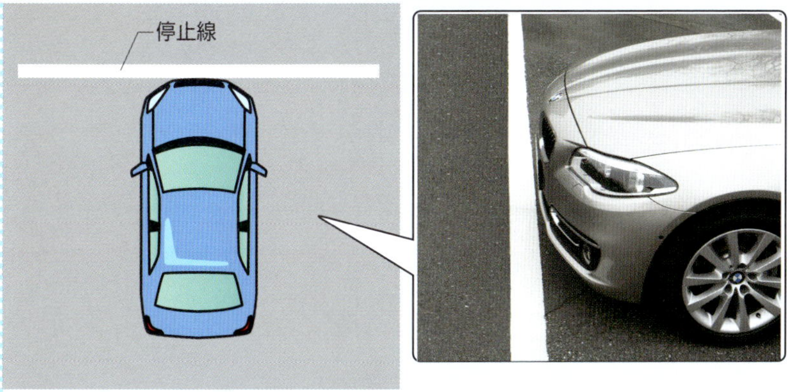

❶停止線の直前にクルマを止める。

❷運転席からの停止線の見え方を、右側の窓からチェックする。

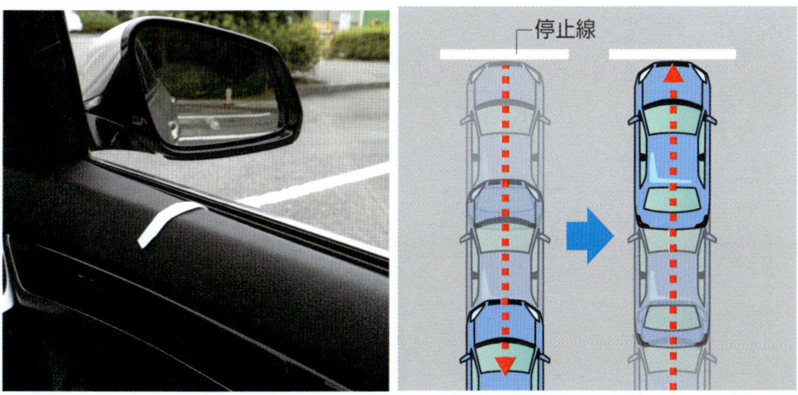

❸停止線の延長と重なる部分をドアの部分などに目印をつける。ここが停止目標。一度バックし、目印に合わせて停止する。

Q 道路わきに止めるとき、どうしても縁石から離れてしまいます。

A 両サイドがどこなのかがわかると運転が楽になる！

フロントガラスに線を映しタイヤの位置を合わせる練習

目印を使ってクルマの前方の車両感覚をつかむのと同じように、だれかに見てもらいながら、**道路わきの線や縁石に沿わせてクルマを平行に止める**練習をしてみよう。

❶まず、５㎝四方の黒い紙に幅１㎝で目立つように黄色の斜めの線を入れる（テープで代用可）。

❷正しいドライビングポジションをとったときに、縁石ギリギリのところ（ボディの側面かタイヤが通るところ）に黄色の線が重なるように、❶の黒い紙をダッシュボードの上に置く（テープの場合はここで貼る）。

❸走行しても動かないように黒い紙を両面テープなどで留めて目印にしながら練習する。

左側タイヤ、ボディの延長線と目印を合わせる

左側のタイヤ、またはボディの延長線と目印を合わせることができるようになれば、簡単にクルマを縁石ギリギリに止めることができる。走行中に路面の凹みや小さな落下物を避けるときにも、この感覚は役立つ。

自分の感覚で合わせられるようになってくると、ほかのクルマに乗ったときでも左側のタイヤがどこを通るか見当がつけられるようになる。

縁石（または白線）に寄せて止めたとき、左側の縁石がフロントガラスのどのあたりに見えるかをチェック。

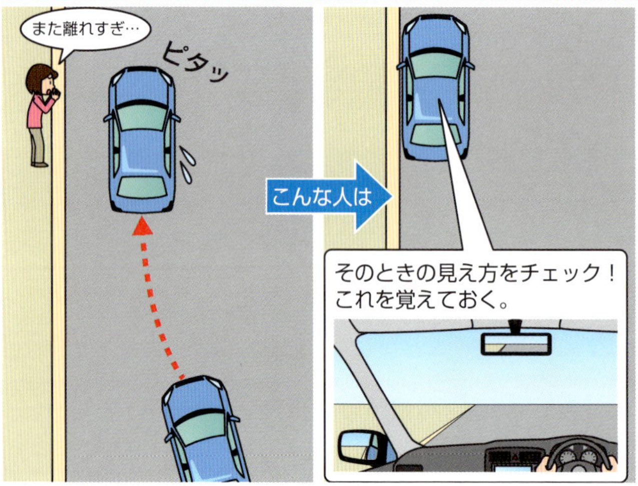

また離れすぎ…
ピタッ
こんな人は
そのときの見え方をチェック！
これを覚えておく。

運転術のキホン 側方の車両感覚をつかむための練習法

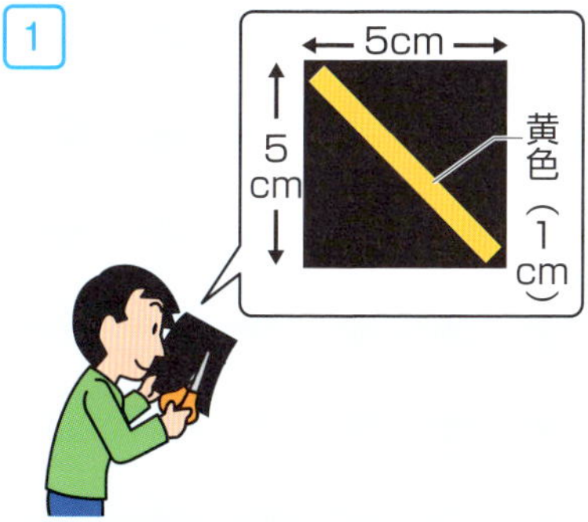

❶5㎝四方の黒い紙に幅1㎝の黄色の斜めの線を入れたものを用意する。

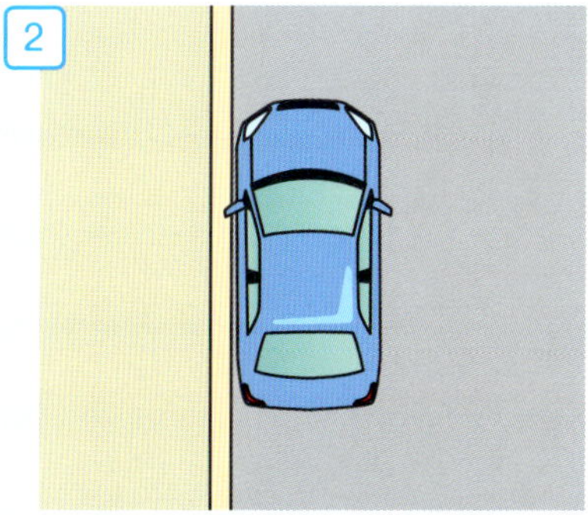

❷縁石または白線などに沿うようにクルマを平行に止める。

❸縁石ギリギリのところがフロントガラスに映る黄色の線と重なるように1をダッシュボードに置き、固定する。

＊紙を送風口に落とさないように注意。

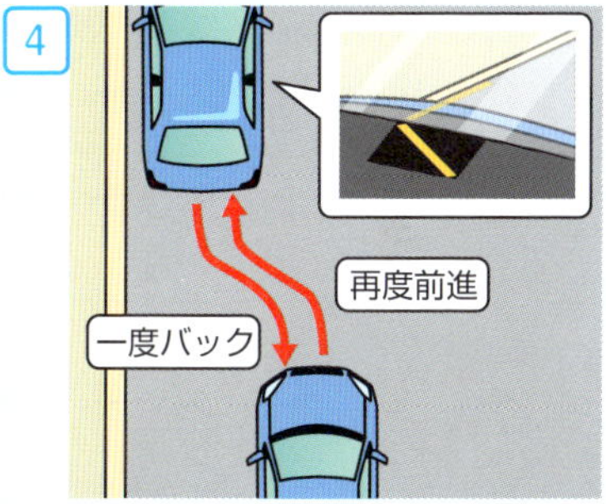

❹一度バックし、3を目印にしながら、クルマが縁石または白線ギリギリにくるように平行に止める。

簡単な方法

❶白線に沿うようにクルマを平行に止める。

❷白線ギリギリのところと重なるようにフロントガラスにテープを貼る。あとは上の4と同様に練習する。

Q バックするとき、ぶつかりそうで不安です。コツはありますか？

A 中央のルームミラー、左右のドアミラーを活用する！

3つのバックミラーをよく見て後方を確認する

車庫入れや縦列駐車などでバックするときに、後ろの壁や止まっているクルマにぶつからないようにするためには、**後方の車両感覚が必要**になる。

最近のクルマは空気抵抗を減らし、スタイルをよくするためにリヤウインドウからの見晴らしが以前より悪くなっている。

そこで、**3つのミラーを使って3つの視点から見る**ようにするのが後方の車両感覚をつかむコツだ。窓越しに直接見て、ミラーとの差も確認するとよい。

夜間の車庫入れではブレーキランプの明かりが目印になる

夜間、車庫入れする場合は、**後ろの壁に映るブレーキランプやテールランプの明かりが目印**になる。

とくにAT車なら、クリープ（→P41を参照）で抑えながらバックするため、ブレーキランプの明るい光が役立つ。**壁に赤色の光が広がっているときはまだ遠い**ということだ。クルマが壁に近づくと光は狭いところだけを照らすようになるので、後方の壁が迫っていることがわかる。どれくらい近づくとどれくらいの光の広がりになるのかを事前に確認しておこう。

後方の車両感覚をつかむには、3つのミラーの視点から見る。

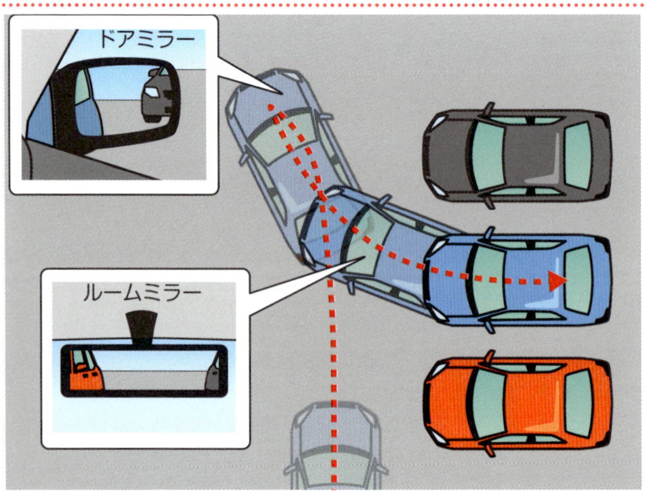

運転術のキホン 後方の車両感覚をつかむための練習法

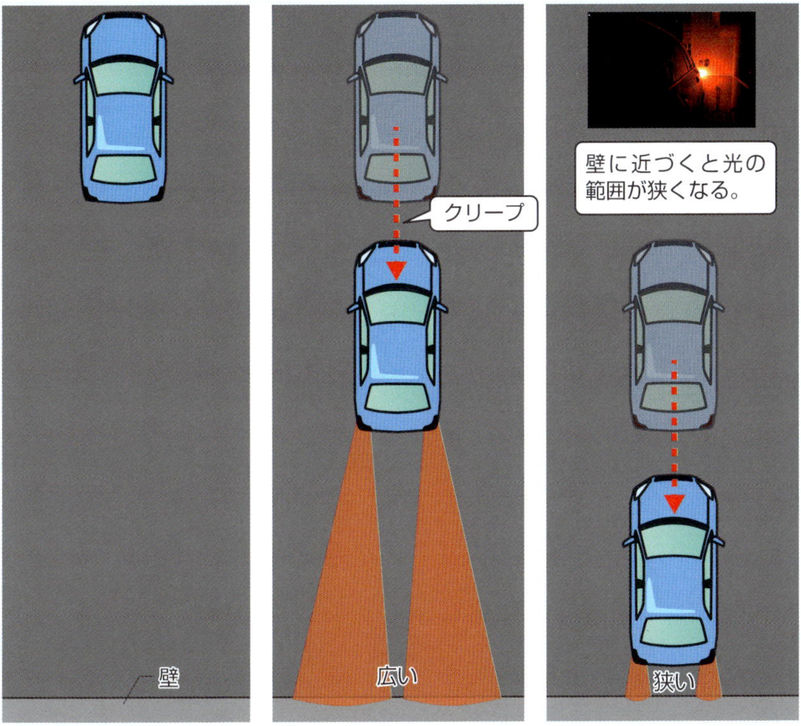

❶後ろに壁がある場所にクルマを止める。

❷ブレーキペダルを踏みながらクリープでバックし、ブレーキランプの光の広がりを見る。

❸ブレーキランプの光が狭いところを照らすようになったら停止し、壁との距離をチェックする。

One point！ 安全運転のコツ

バックモニターが普及した理由

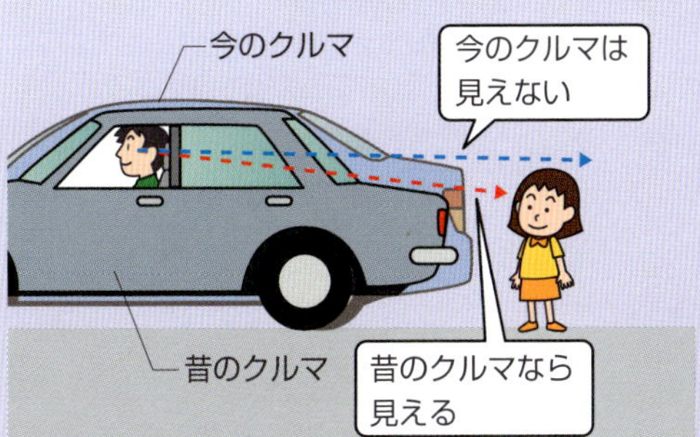

今のクルマは、リヤウインドウからの見晴らしが悪くなっている。リヤだけでなく、フロントもそうである。この傾向はますます進んでいくと思われるが、心配なのが安全性だ。とくに後方視界が悪くなると、小さな子どもを見落とす危険性が高くなるからだ。

Q ハンドルを一気に切るのは危険ですか？

A "あそび"を過ぎたらゆっくり丁寧に切る！

切り始めはハンドルの小さな"あそび"を考慮する

路面からタイヤが受ける衝撃をそのままハンドルに伝えないように途中にゴムブッシュが入っているため、ハンドルを切り始めるときの反応が遅れる。これは"**あそび**"のようなものだ。

このことを考えずにそのままハンドルを切ると、クルマは急に曲がり始める感じになる。あそびの部分は手ごたえが軽く、その先の部分は重くなる。軽く感じるところではハンドルを速く切ってもよいが、**重くなるところからは丁寧に切るようにする**とよい。

駐車時を除きハンドルはいつもゆっくり切る

カーブの入口で一気にスパッとハンドルを切るドライバーは、自分では速く走っているつもりかもしれないが、スムーズドライビングとはほど遠い運転だ。

じつは高速で走るサーキットでも、本当に速く走れる人はハンドルをゆっくり切っている。**四輪のグリップでコーナリングするのが速く走るコツ**だが、ハンドルを速く切るのは、前の二輪だけ無理をさせて走っていることになるからだ。

だから一般道でも、ハンドルをゆっくり切るようにしよう。

ハンドルは、手ごたえを感じるところからは丁寧に切る。

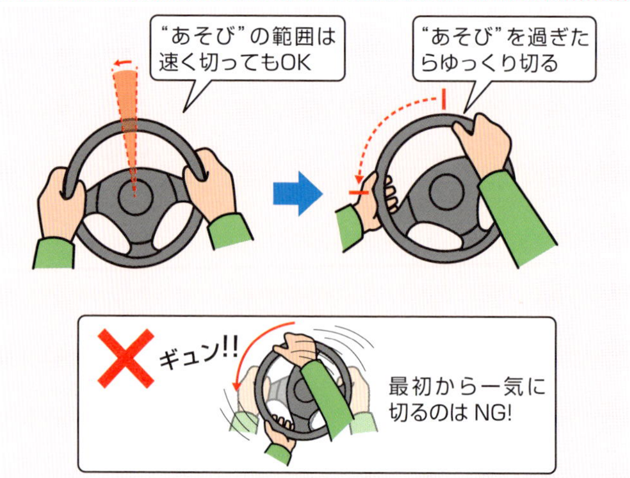

"あそび"の範囲は速く切ってもOK
"あそび"を過ぎたらゆっくり切る
ギュン!!
最初から一気に切るのはNG!

運転術のキホン 直進でのハンドル操作

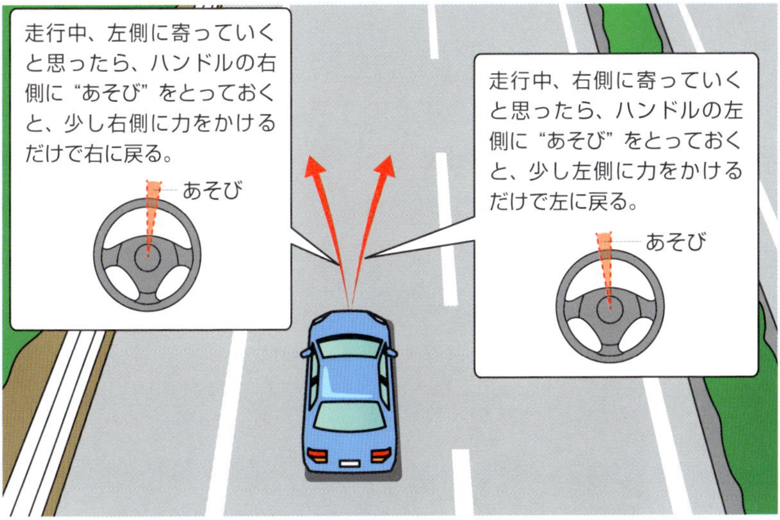

走行中、左側に寄っていくと思ったら、ハンドルの右側に“あそび”をとっておくと、少し右側に力をかけるだけで右に戻る。
あそび
走行中、右側に寄っていくと思ったら、ハンドルの左側に“あそび”をとっておくと、少し左側に力をかけるだけで左に戻る。
あそび

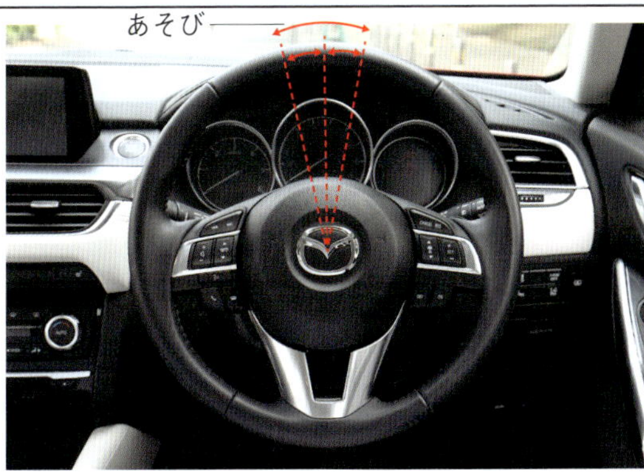

カーブで“あそび”を考えずに一気にハンドルを切るのは急な動きになって危険です。
まず“あそび”まで切ってから、ゆっくりとハンドルを切るのがスムーズに走れるコツです。この１動作を加えるだけで、クルマの動き方がぜんぜん違います。

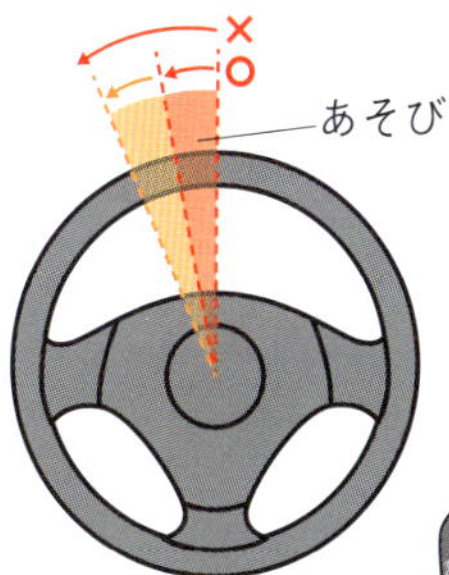

Q 穏やかにブレーキをかけるコツを教えてください。

A ブレーキが効き始めるポイントをつかみ、ソフトブレーキ!

ディスクローターとパッドをスリスリイメージで

ブレーキペダルもハンドルと同様に、踏み始めには〝**あそび**〟の部分があり、その部分はブレーキが効いていない。

ブレーキペダルをもう少し踏み込むと、足に抵抗を感じ始めるところがある。まだブレーキが本格的に効き始める前なのだが、ここが大事なポイント。

この部分はディスクローターとパッドが少しすれてほんの少しだけブレーキが効き始めるところで、ここをしっかり感じてからジワッと本格的なブレーキを効かせる（**ソフトブレーキ**）のがコツだ。

このソフトブレーキで、同乗者にブレーキをかけたことをほんの少し意識させることで、その後ブレーキを強くかけても頭が動くことなくスピードを落とせる。

ブレーキのかけ終わりも穏やかにペダルを戻す

スムーズにブレーキペダルを踏み込むのは、少し練習すればできるようになる。**難しいのは、むしろブレーキペダルを戻すとき**だ。

十分に減速してブレーキングの必要がなくなれば、スパッとペダルを放してしまいがちになる。同乗者は普通、頭が前に行かないように首

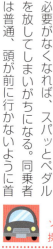

ソフトブレーキが同乗者にやさしいブレーキペダルの操作法。「アリさんブレーキ」の応用が効果的。

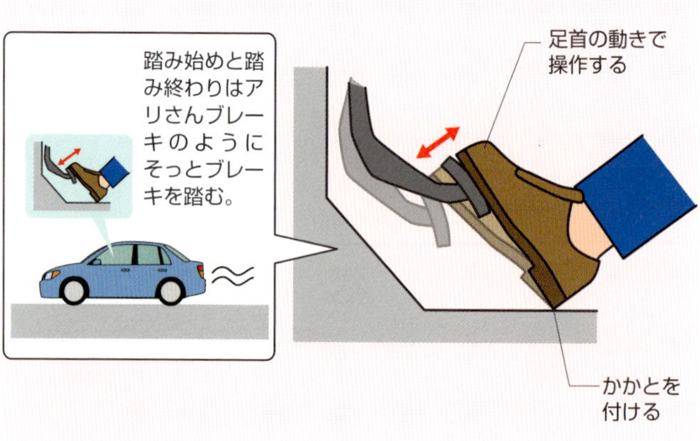

踏み始めと踏み終わりはアリさんブレーキのようにそっとブレーキを踏む。
足首の動きで操作する
かかとを付ける

の筋肉に力を入れているが、突然ブレーキをゆるめると頭が後ろに行ってしまう。

　そこで、ブレーキングの終わりが穏やかになるように、**ペダルを戻すときもローターとパッドがすれる領域を使う**。そうすることで、同乗者に喜ばれるやさしい運転になる。

「アリさんブレーキ」でスリスリのコツをつかもう

　このすり合わせの練習には、前述の**「アリさんブレーキ」**（→P40を参照）が効果的だ。

　AT車のクリープ（→P41を参照）を抑えるようにブレーキペダルを上手にコントロールして、アリが歩くようなゆっくりした走行を練習する。途中で止まらないでゆっくりゆっくり走り続けることができるようになれば、スリスリのコツもつかめるはずだ。

運転術のキホン　ブレーキが効くしくみと「アリさんブレーキ」

ディスクブレーキは、回転するディスクローターをブレーキパッドで挟み込んで制動する構造になっている。

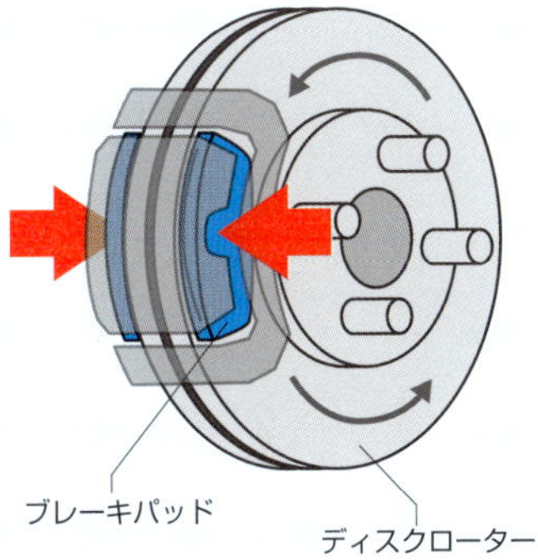

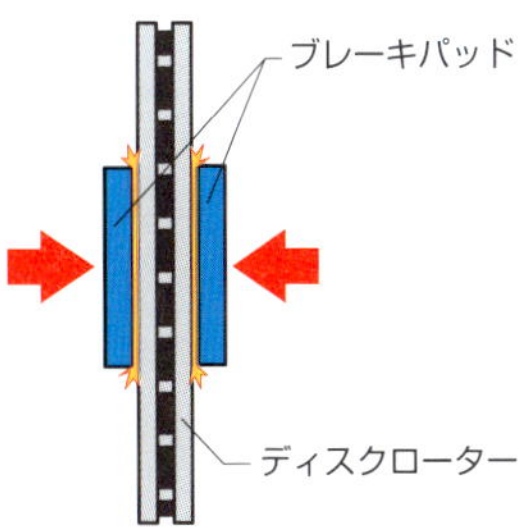

穏やかにブレーキをかけるコツは、ディスクローターとブレーキパッドが少しだけこすれる部分を使うこと。この領域を使うのが「アリさんブレーキ」です。クリープを抑えるようにブレーキペダルをコントロールするのが、「アリさんブレーキ」のコツ。

＊写真提供：曙ブレーキ工業株式会社

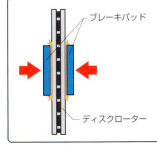

Q アクセルペダルの操作で思い通りのスピードにするコツを教えてください。

A 加速の始まりがスムーズで一定速走行ができれば合格！

スパッと踏み込まず、まずジワッと少しだけ踏む

発進するとき、ブレーキペダルから足を移してアクセルペダルをスパッと踏み込むと、同乗者の頭は後ろに動いてしまう。

アクセルペダルは、**まずジワッと少しだけ踏み、ほんの少し加速する感じが出てから深く踏み込む**と、スムーズな発進・加速が可能になる。発進のときは、ブレーキペダルの戻し方にも神経をつかおう。いっぺんにペダルを放すのではなく、**ジワッと放してゆっくりとクリープ**（→P41を参照）**が始まるようにする**のが肝心だ。

風や路面状況の変化に応じての一定速走行は難しい

走行中、アクセルペダルを戻している状態から再加速するときは、一度**イーブン**（加速も減速もしない状態）にする。少しだけ駆動がかかっているが、**加速していない状態にしてから踏み込む**とスムーズになる。

いちばん難しいのは**一定速走行**だろう。

風の強さや向き、路面の状況が変わることによってクルマのスピードは変化する。右足の微妙なコントロールによって一定速走行ができるようになれば、同乗者の評判もよくなるだろう。

助手席の人の頭が後ろに動くような発進は、アクセルペダルを踏み込みすぎている。

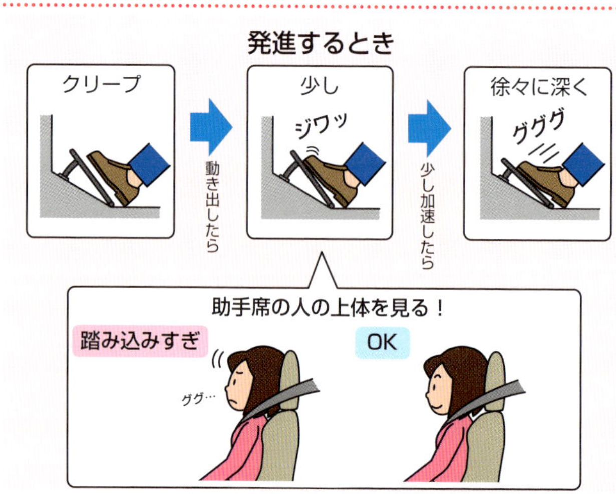

運転術のキホン　アクセルペダルの踏み込みのコツ

スピードが一直線で上昇

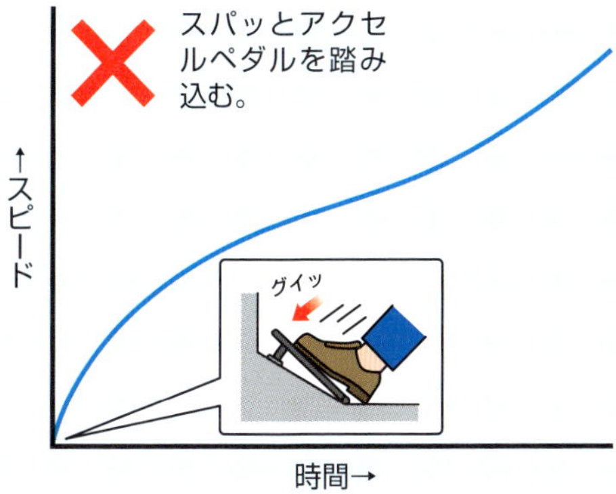

スピードがゆるやかに上昇

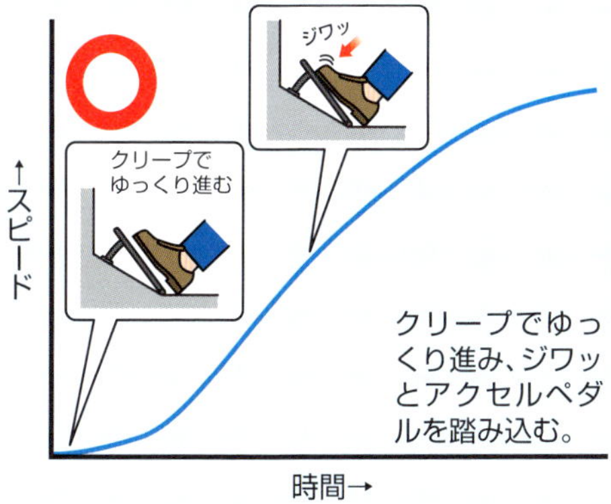

One point! 上達レッスン

アクセルペダルによるスピードの調整

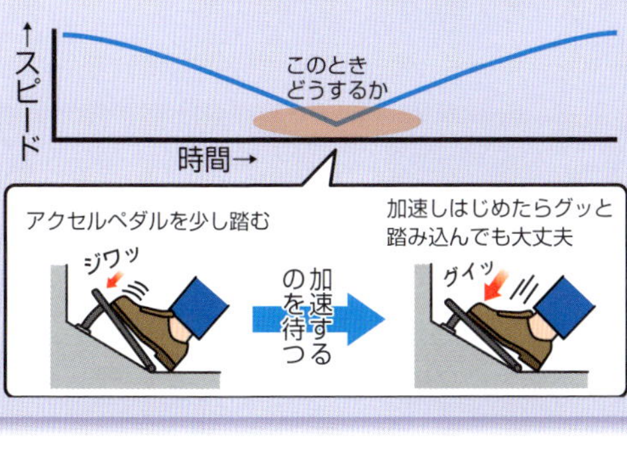

走行中、大きくスピードが落ちてきたときは、アクセルペダルを少しだけ踏み、ジワッと加速するのを待つ。加速し始めたら、アクセルペダルをグッと踏み込んでも大丈夫。同乗者は、最初の加速で心と体の準備ができているからだ。

Q AT車で燃費をよくする走り方を教えてください。

A エンジン回転数を低くして、なるべく高いギヤで走る！

高いギヤで走れるようにアクセルを調整する

クルマには何段かのギヤがあり、同じスピードでもギヤによってエンジン回転数が異なる。逆にいえば、**同じエンジン回転数なら高いギヤほどスピードが速い**ということだ。

燃費をよくするためには、**エンジンの燃料噴射回数を少なくするのがコツ**。

同じスピードでも、エンジン回転数が高ければ燃料噴射の回数も多くなるから、エンジン回転数を低くして走ることが燃費向上につながる。AT車でも、**高いギヤで走れるようにするのが効果的**だ。

先読みで早めにアクセルを戻せば燃費向上に効果的

電子制御で燃料噴射している最近のエンジンは、アクセルペダルを戻してクルマの惰性でエンジンが回されているときは1滴の燃料も使わずに走れる。これを「**燃料カット**」という。

前方の信号が赤になっていたらすぐにアクセルペダルを全部戻して惰性で近づいて行けば、その間の燃料を1滴も使わずに走れるのだ。

手前からスピードを徐々に落として行くこうした先読み運転は、**燃料節約だけでなく、安全運転にも大きく貢献**する。

なるべく高いギヤで走る距離を長くするのが燃費をよくするコツ。

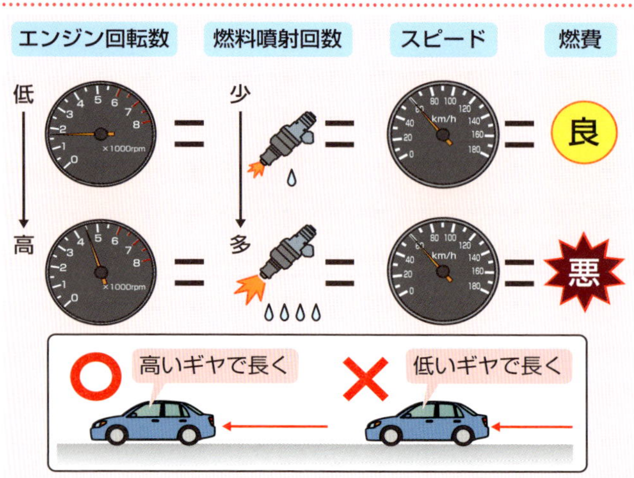

運転術のキホン AT車の燃費向上のコツ

[コツ1] 不要なアクセルの踏み戻しをしない

アクセルペダルを踏み込んだり戻したりするのはよくありません。なるべくアクセルを一定で走るようにすると燃費はよくなります。前方が赤信号なら早めにアクセルペダルを全部戻して惰性で走ることで燃料カットに。

[コツ2] できるだけ高いギヤをキープしたまま走る

エンジンの燃料噴射回数が多いと燃費は悪くなります。スピードは同じでも低いギヤほど燃料噴射回数は多くなるので、早めに高いギヤにして走るのが燃費向上につながります。また、高いギヤをキープしたままアクセルペダルをゆっくりと踏み込んでいくぶんには、燃料はそれほど消費しません。キックダウンするような踏み方（速い、深いなど）をすると、エンジン回転数がグンと上がってギヤが下がり、燃料噴射回数が多くなり燃費が悪くなります。

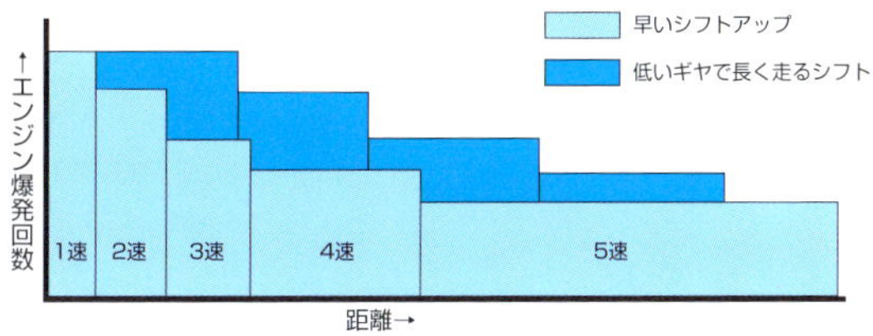

One point! トクする予備知識

自分で燃費を測る方法

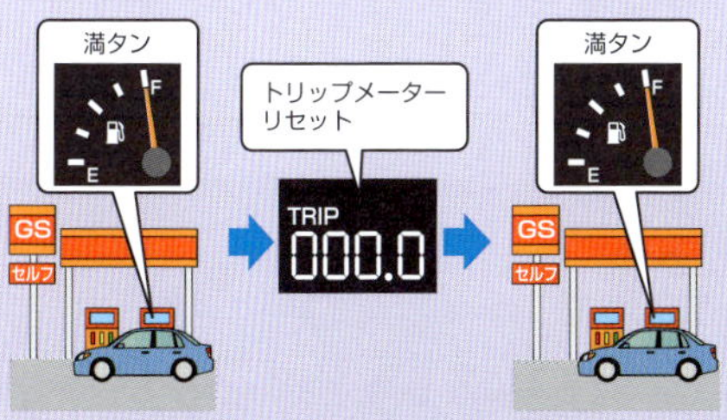

300km ÷ 20ℓ ＝ 15km/ℓ
（走行）　（給油）　（燃費）

❶オンボードコンピュータで測る

リセットしたあとの1リッター当たりの走行距離を、正確に測ることができる。

❷満タン法（左図）で計算する

ガソリンを満タンにし、トリップメーターをリセット。走行後、ガソリンを満タンにし、トリップメーターの走行距離を給油量で割った値がその走行での燃費となる。

Q MT車で燃費をよくする走り方を教えてください。

A 早めのシフトアップでエンジンの総燃焼回数を減らす！

エンジン回転数2000rpmを目安にシフトアップする

今のエンジンは低回転でもトルク（力）があるので、加速していくときどんどん高いギヤにシフトアップすることができる。**シフトアップすればエンジン回転数は下がるため、燃料噴射して燃焼する回数も減る**、つまり燃費がよくなるのだ。

目安は、平坦路で一般車であれば2000rpm（1分間当たりの回転数）、軽自動車は高め、大きなエンジンはもっと低めでよい。シフトアップしたら加速しなくなったり、エンジンからガラガラ音がしたりする場合は早すぎだ。

路面のこう配を読んでニュートラルを使うともっと燃費がよくなる

MT車ならではの上級な燃料節約運転として、**走行中にクラッチを切り、ギヤをニュートラルにする方法**がある。

一定スピードで走行しているとき、下り坂になるところでギヤをニュートラルにする。エンジンはアイドリング状態であるが、クルマは何百mでも惰性で走ることができる。平坦路や上りになってスピードが落ちてきたら、エンジン回転数が低くてすむ高いギヤに入れて走る。これは**山道ではなく市街地で使うテクニック**だ。

ＭＴ車もＡＴ車と理屈は同じ。高いギヤで走ると燃費は向上。

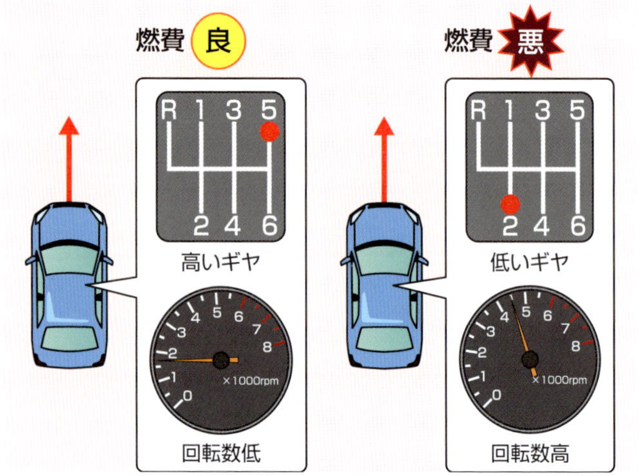

MT車の燃費向上のコツ

[コツ1] シフトアップして高いギヤで走る

MT車は、アクセルペダルを深く踏み込んでもキックダウンしません。エンジンがノッキング（エンジンの異常燃焼）しない（ガタガタ、キンキンなどの音がしない状態）範囲でなるべく高いギヤを使って走りましょう。最近のターボエンジンの場合、1000rpm ならノッキングせずに加速します。

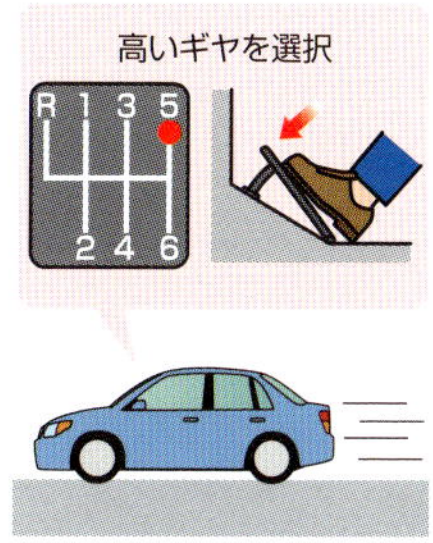

[コツ2] 惰性で走る

市街地を走るとき、ギヤを N（ニュートラル）に入れて惰性で走ると燃費はとてもよくなります。平坦に見える道でも、実際はゆるやかな上りや下りになっているところがほとんどで、そのような道ではとくに有効です。丘の頂上の少し手前からニュートラルにすると、何百 m も惰性で走れます。再度ギヤを入れるときは高いギヤに。

燃費向上の惰性走行

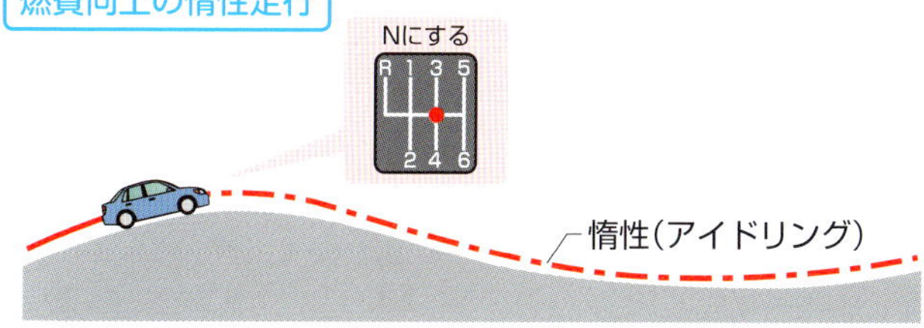

通常走行

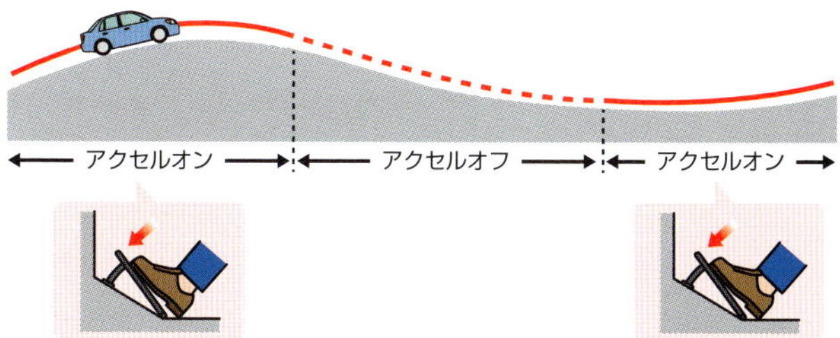

Q ハイブリッド車で燃費をよくする走り方を教えてください。

A 発進・加速はエンジンも使うのがコツ！

エコ運転のギリギリまでパワーを使って加速する

ハイブリッド車で最高の燃費を狙うには、ゲーム的に頭を使う必要がある。**バッテリーの残量を見て、トータルとして燃費をよくする**方法を考えよう。

ＥＶモード（電気自動車モード）だけで走っていると電池残量が減り、充電するためにエンジンがかかってしまうこともあるが、どうせなら**このときに駆動と発電の両方でエンジンを使う**のが効果的だ。

加速するときは、ある程度アクセルを踏み込んでエンジンを使うのも効果がある。

先が下り坂ならその手前はＥＶモードで走る

ふだん使う道なら、**上り坂か平坦か下り坂なのかをある程度把握しておく**とよい。知らない道でも先読みをして微妙なこう配を感じ取ることが大事になる。

上り坂でも、**バッテリー残量があるようならＥＶモード**にする。とくにその先が下り坂ならエンジンをかけなくてもチャージでき、上りで使った電気を回収できる。

だが、バッテリーが１００％の満充電状態になると下り坂でも充電できず、効率が悪い走りになるので注意しよう。

一定速走行は燃費運転の基本。
これはハイブリッド車でも同じ。

自動的に電気だけで走るか、エンジンをかけるか、判断してくれる。

運転術のキホン　ハイブリッド車の燃費向上のコツ

「パワー（PWR）」に入ってすぐを使う

多くのハイブリッド車は、アクセルペダルの踏み方がチャージ（CHG）、エコ（ECO）、パワー（PWR）のゾーンで表示されるメーターがある。どのゾーンで加速するのが効率がよいのか、それは「パワー」に入ってすぐのところを使うのがいちばん燃費がよい。アクセルペダルをなるべく踏まないのではなく、踏むほうがよい。ダラダラ加速するのではなく、一気に加速して一定スピードで走れる距離を長くする。目標スピードまではスパッと上げ（それが「パワー」に少し入ったところ）、アクセルペダルを戻していけば自然に「エコ」になる。最新のプリウスは、燃費に最適なアクセル開度を示すエコガイドが出るようになった（写真の青色のゾーン）。

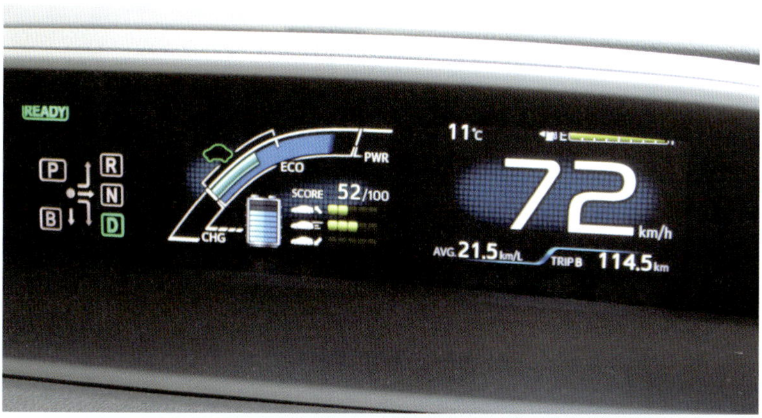

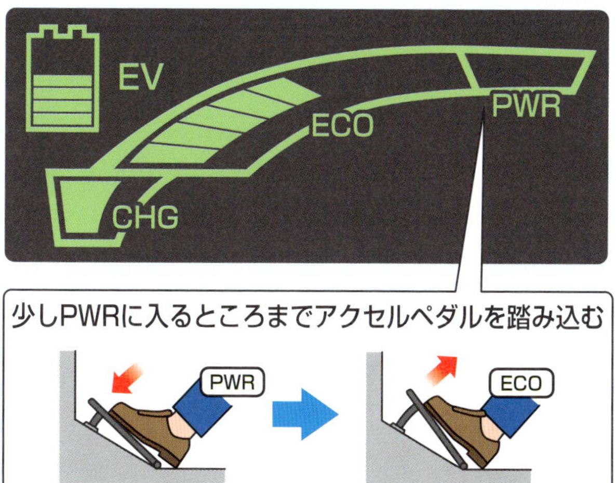

Q 電気自動車で電費をよくする走り方を教えてください。

A 時速60㎞前後の一定速走行とコースティングモードを多用する！

回生ブレーキよりもセーリングが効果的な場合もある

電気モーターで走るEVでも、ノロノロ運転よりもある程度スピードが出ているときのほうが電費（燃費）はよくなる。**電気モーターが効率のよい回転数で走れるのは時速60㎞前後。**状況が許せば、なるべくそのスピードに合わせて走るようにするとよい。

市街地で走るケースが多いEVだが、周囲のクルマや道路環境が許せば、惰性で走る**コースティングモード**（加速も減速もしていない状態）を多く使うと航続距離を延ばすことができる。

充電中に車内を快適温度に暖めておくのが節電のコツ

途中充電をせずに長く走行するには、**充電中にあらかじめ車内の温度を調節しておく**ことだ。多くのEVは、スマートフォンでリモートコントロールできる。

たとえば、寒い時季にヒーターを使うと電気を消費するので、クルマに乗り込む前に車内を十分に暖めておき、走り始めたらステアリングヒーター、シートヒーターで暖をとるとよい。こうすると、ヒーターの何割かの電力で賄えるからだ。**出発前に車内を快適な温度に調節できる**のもEVならではの特長だ。

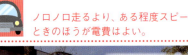

ノロノロ走るより、ある程度スピードが出ているときのほうが電費はよい。

ドイツのEV用の充電ボックス（スタンド）。日本でも普及はこれから。

運転術のキホン

電気自動車の電費向上のコツ

［コツ１］加速するときはアクセル全開にしない

アクセルを全開にすると電気を多く消費します。しかし、アクセル全開の少し手前で加速していくと、ほとんど同じ加速力ながら電費はよくなり、効率のよい加速ができます。

［コツ２］電気を使わない状態を長く使う

MT車のN(ニュートラル)と同じような状態のイメージ。コースティングモードは加速も回生もしない状態で、惰性でかなり長く走れます。その後、回生ブレーキ（発電のときの抵抗を制動力として利用する方法）を使って電気を回収します。そのときに強くブレーキを踏み込むと、摩擦ブレーキも使ってしまうので損をしてしまいます。

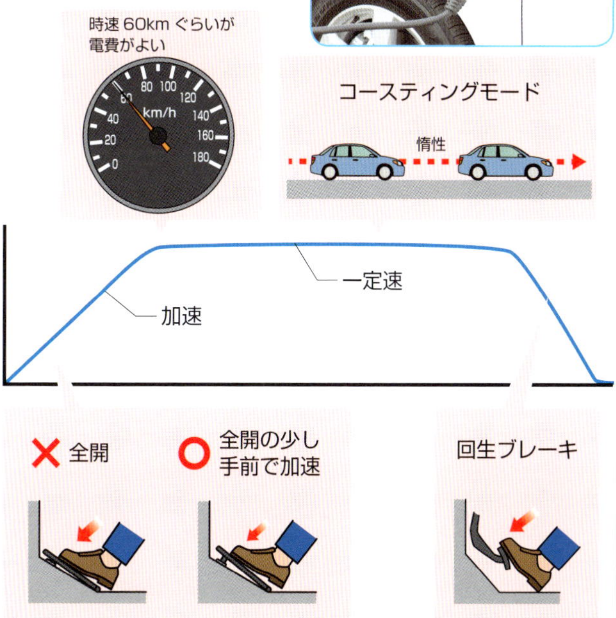

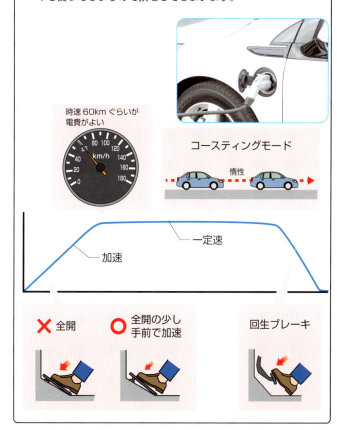

Q スムーズに加速・減速できません。どうしたらよいですか？

A 先読み運転であらかじめ準備しておく！

アクセル⇅ブレーキの踏み替えに神経を集中する

燃費向上のためのエコドライブは燃料節約だけでなく、同乗者にもスムーズでやさしい運転になる。さらに安全性も向上するという、一石三鳥のメリットがある。

これらはすべて**先読み運転が基本**になる。事前に準備ができていれば、急にアクセルやブレーキを踏み込むということはない。

ブレーキもそっと踏み始め、アクセルも少し加速し始めてから踏み込みを強くする。**G（重力加速度）の変化をゆるやかにする運転は、すべてがうまくいく原点**だ。

自分では一定スピードで走っているつもりでも…

長年運転しているドライバーでも、**不必要にアクセルペダルを動かしているケースは意外と多い**。大きくは動かさないので目立たないのだが、しっかりと一定スピードで走れるドライバーと乗り比べるとその差は明確だ。

先行車がいない加速のときも踏み込んだアクセルを少し戻したり、少し踏み込んだりと小さく変化させ、ブレーキも止まるまでに減速Gの変化を感じさせる運転をしている人は多い。このクセは早く直したほうがよい。

先読み運転をしていれば、急にアクセルやブレーキを踏み込むことはない。

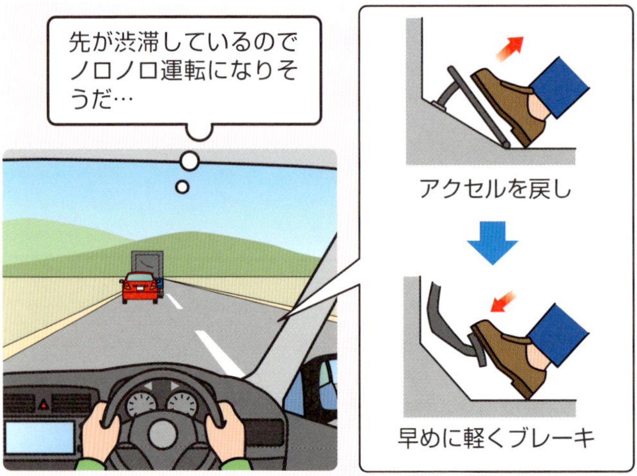
先が渋滞しているのでノロノロ運転になりそうだ…
アクセルを戻し
早めに軽くブレーキ

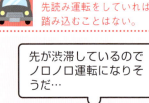

運転術のキホン 先読み運転のための基本操作

先が赤信号で停止位置に停止する場合

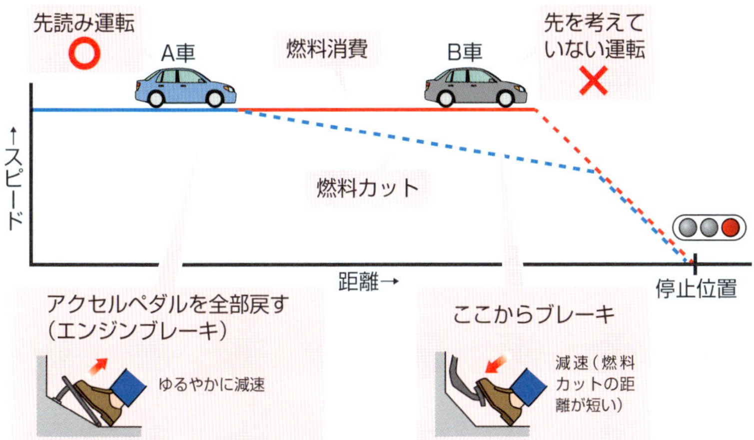

先読み運転で早めにアクセルペダルを戻せば、燃料カットになる。アクセルペダルを踏んでいれば、そのぶんだけ燃料を消費する。

交通の状況などを考えた先読み運転が基本。

コラム

モータリゼーション先進国
ドイツに学ぶ 2

日本と違う信号機

日本の信号機は十字路の場合、4方向が同時に赤になるタイミングがあるが、ドイツの信号機は一方が赤になると同時にもう一方は青になる。赤になった直後に交差点に進入した場合、横から来るクルマと衝突する可能性が非常に高くなる。だからドイツの交差点では、信号機を必ず守らなくてはいけない。

信号機の位置は、基本的に交差点の手前。横の道の信号機が見えないから、赤から青になるタイミングは予想がつかない。しかし、ドイツの信号機は青になる前に赤と黄が同時に点灯するタイミングがあるから、この段階でスタート準備をすればいい。

右折専用、左折専用、直進専用信号もある。これは矢印で示される信号である。専用信号だが日本のように青・黄矢印だけでなく、赤、青、黄の3色がそろっている。その専用信号機だけを見ていればよいので理解しやすい。

都会には信号機があるが、交通量が少ない地域では信号機はほとんど見かけない。

交差点はラウンドアバウトが基本になる。右側通行なので、環道は反時計回りになる。

PART 3

［実践編］

一般道路

Q 車線変更するとき、同乗者の頭が動いてしまいます。

A 同乗者に感じとられないようにジワジワとゆっくり横移動！

早めのウインカーでスムーズさと安全を確保

ビギナーの頃はおっかなびっくりだった車線変更も、ミラーを使って周囲のクルマとの位置関係が把握できるようになると、スパッと速いハンドル操作になってくる人が多い。ウインカーとハンドルを一緒に操作するというシーンも見かける。

道路交通法では、**ウインカーを出すのは車線変更の約3秒前**になっているが、場合によってはもっと前に出してもよいと思う。**周囲のクルマに自車の進路変更を早めに知らせてから動く**ことが安全運転につながるのだ。

手首の動きでスムーズな車線変更ができる

後ろと横の安全確認ができたら車線変更に移るが、このとき**明確なハンドル操作をしないこと**。ハンドルの中立付近の小さな〝あそび〟を越えて手ごたえを感じるところを少し押していく感じまでにしておく。

とくにスピードが出ている高速道路では、小さく切ったつもりでもクルマの横方向の動きは速く、移動量も大きくなる。**同乗者が横G（重力加速度）を感じることなく車線変更できる**のがいちばんよい。ゆっくりした車線変更なら、死角にクルマがいても接触する可能性は低くなる。

安全を確認して早めに合図し、ハンドル操作はゆるやかに横移動するイメージで。

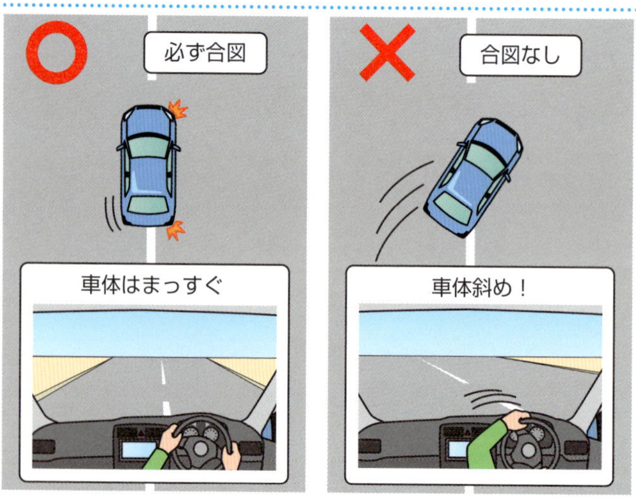

運転術のキホン　スムーズな車線変更のしかた

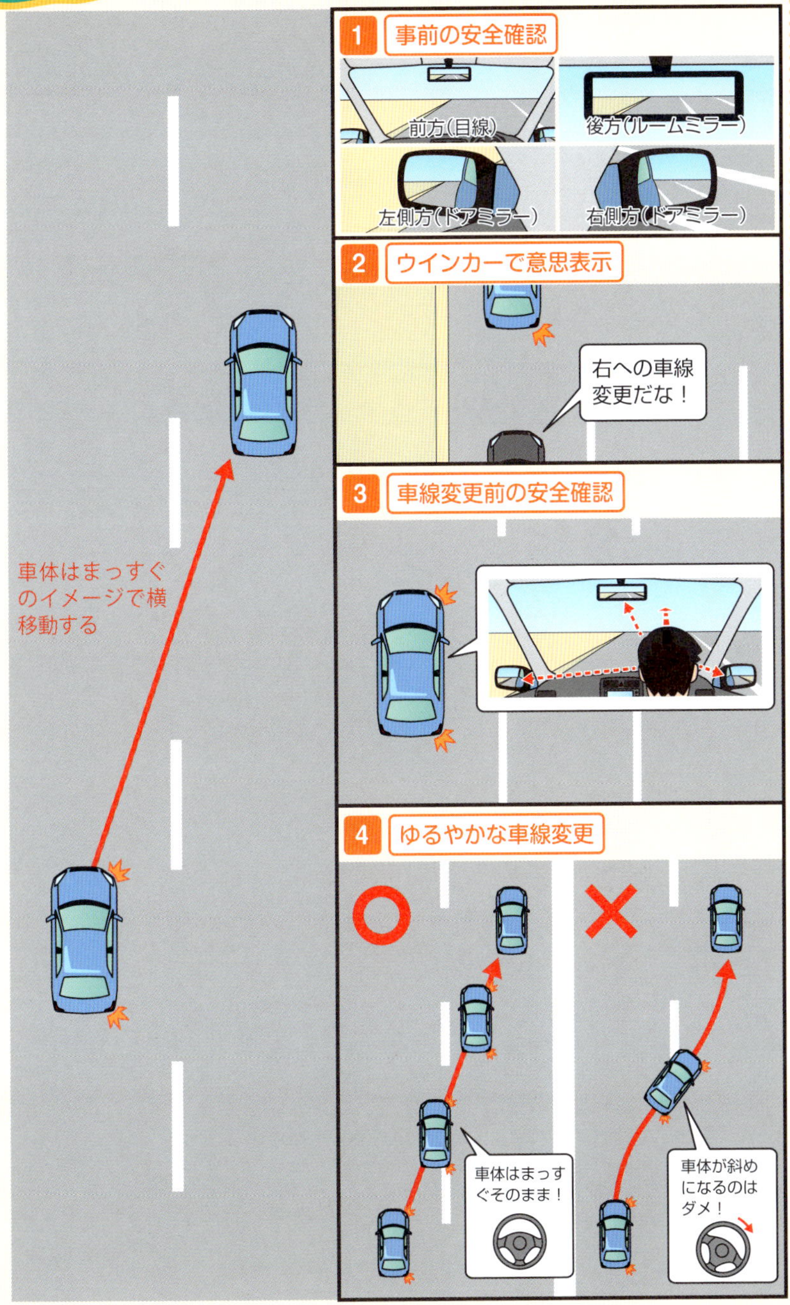

Q 左折をするとき、どうしても大回りになってしまいます。

A 早めに左に寄り、スピードを落として小さく曲がる!

ブレーキの前に左ウインカーを点灯させる

運転中にこの先で左折するつもりなら、まずは左にウインカーを出してしまうこと。日本人はここでウインカーを出すのが遅いし、出さないドライバーもいる。左ウインカーを出したまま、左のドアミラーを確認しながら**直線のうちに徐々に左に寄っていく**。

交差点に近づいたらスピードを落とすためにブレーキペダルを踏むが、先にウインカーを出していれば後続車はブレーキをかけることが予測できるので、追突される危険も減らせる。

左に寄ったまま、右に振らずに小さく曲がる

左に寄ったまま曲がるのは、**後ろを走るバイクの巻き込み事故を防ぐため**だ。直線のうちに徐々に左に寄って、バイクが自車の左側に来られないようにしておくことが大切になる。

交差点の角で一度クルマを右に振ってから左折するドライバーは多い。大きな弧を描いて曲がるほうが楽かもしれないが、これは意識して直したほうがよい。右車線を走るクルマが接触を防ごうと急ブレーキ、急ハンドルを切り、事故の原因になるからだ。

しっかりスピードを落としてからハンドルを切り、小回りする。

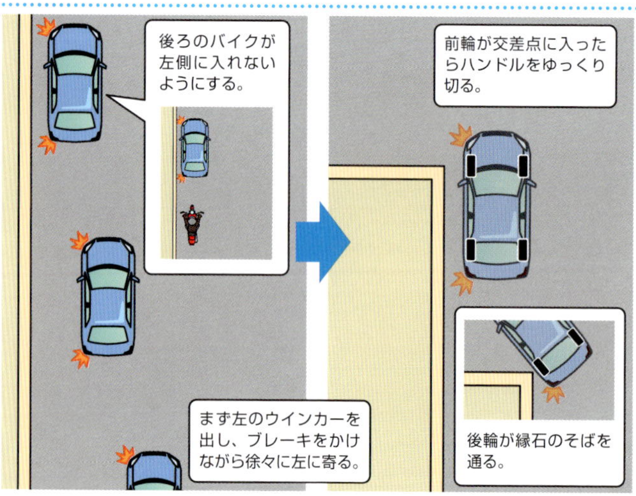
後ろのバイクが左側に入れないようにする。
まず左のウインカーを出し、ブレーキをかけながら徐々に左に寄る。
前輪が交差点に入ったらハンドルをゆっくり切る。
後輪が縁石のそばを通る。

運転術のキホン 安全な左折の方法とポイント

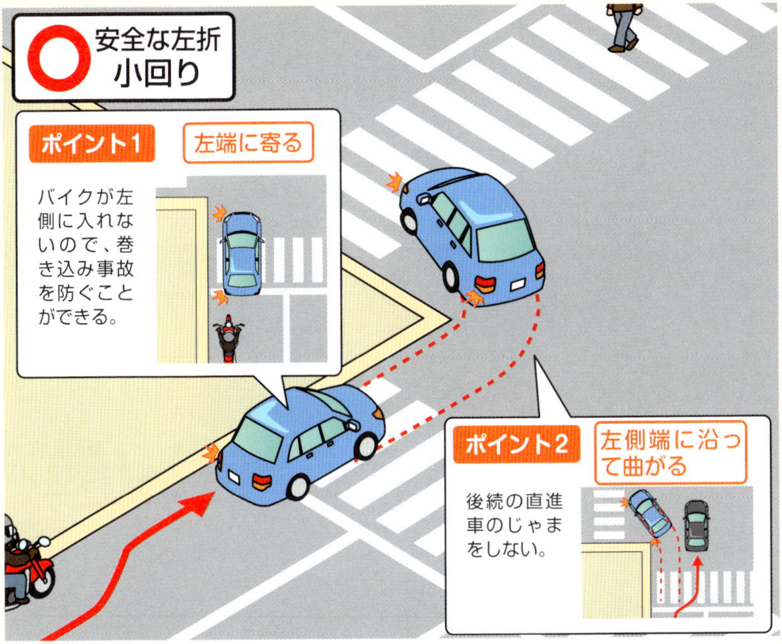

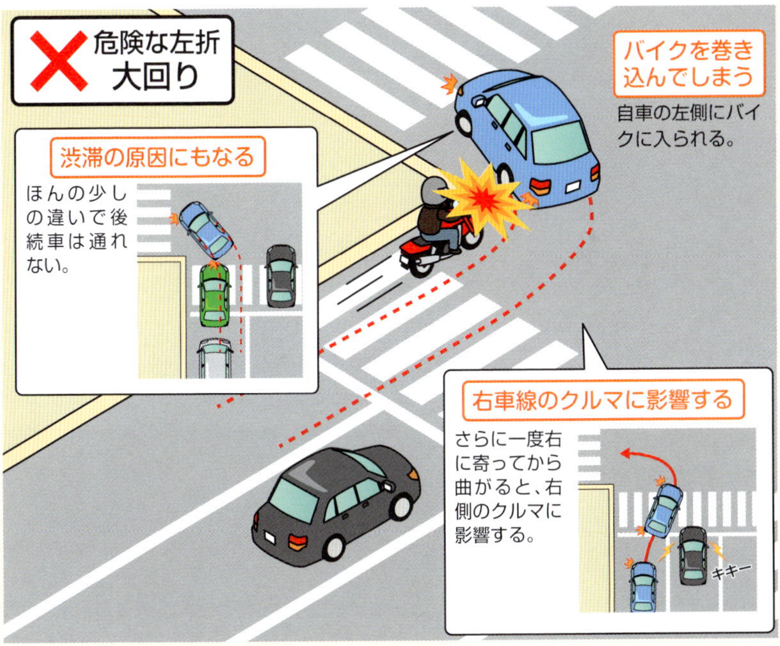

横断歩道の手前で止まると後続車のじゃまになる

交差点で左折するとき、右側から大回りすると不都合なことは、二輪車の巻き込み以外にもまだある。**左折先の横断歩道の手前で止まるケース**だ。

横断歩道では歩行者や自転車が来ないことを十分に確認してから通過するが、横断者がいる場合にはもちろん停止。大回りで曲がってきたクルマが横断歩道の手前で止まってしまうとどうなるか。当然、クルマの後部が後続車の直進のじゃまになってしまう。**左折の際は左小回りが原則**だ。

自転車は意外とスピードが速いことを認識しておく

左折時の安全確認は、**ハイスピードで近づいてくる自転車にも気を配らなくてはならない。**最近は横断歩道と自転車横断帯が並行してある場所も多いが、自転車が歩行者用の横断歩道を走ってくることもある。自転車は意外とスピードが速いので、交差点に差しかかる前に周囲をチェックしておくとよい。

そして曲がるときには、前方と遠い後方もチェックする。**止まるときは横断歩道の直前で確実に止まって待つことだ。**

海外では、自転車道路が直進車線と右折車線の間にあるところもある。

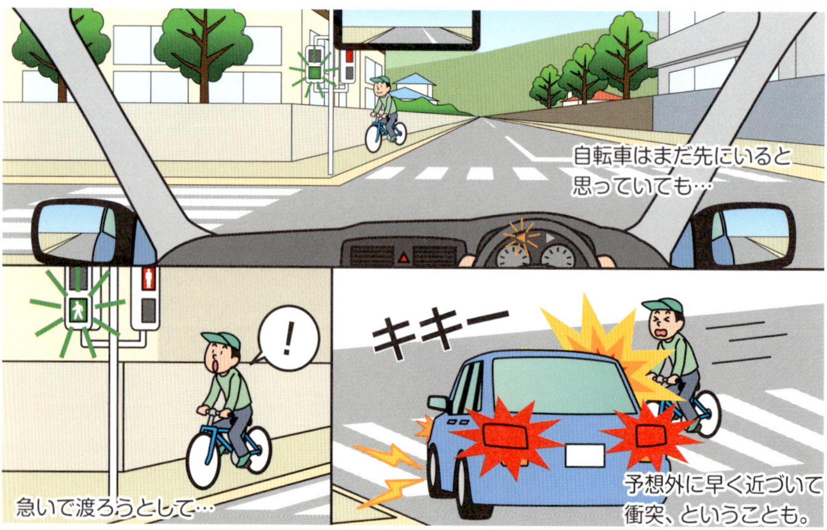

自転車はまだ先にいると思っていても…
!
急いで渡ろうとして…
キキー
予想外に早く近づいて衝突、ということも。

運転術のキホン 左折するときの安全確認

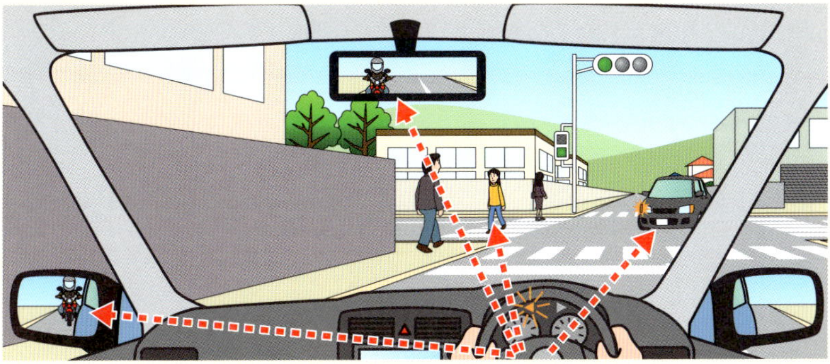

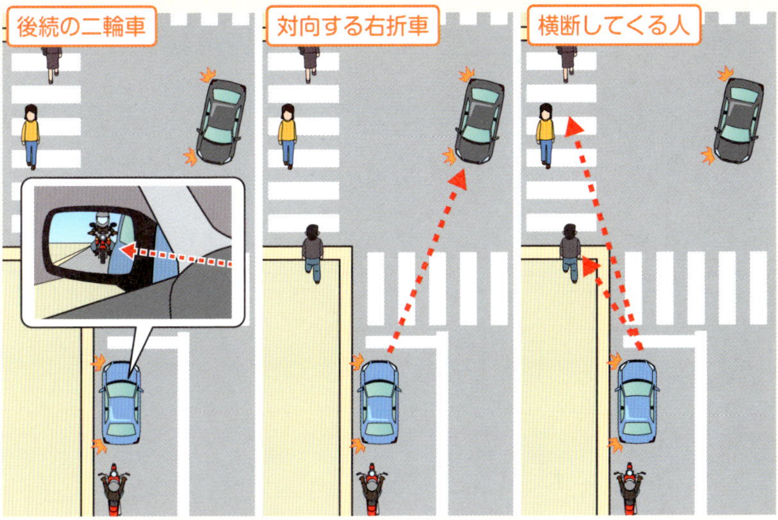

One point 安全運転のコツ

内輪差

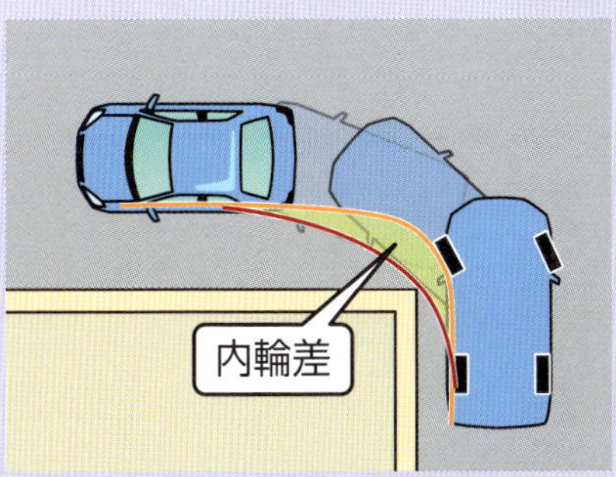

クルマが曲がるとき、後輪は前輪より内側を通る。この前後輪の軌跡の差が内輪差。この差を考えずに前輪がギリギリ通れるようなコース取りで曲がると、後輪が縁石に乗り上げてしまう。また、内輪差を気にしすぎてクルマの頭を外に振りすぎると、左側に二輪車などが入り込んでしまう。後輪が曲がり角ギリギリを通るようなコース取りを実践しよう。

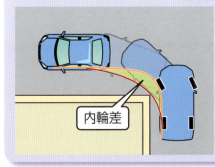

Q 右折が苦手です。コツを教えてください。

A まっすぐ止めて待ち、隠れた危険を見つける！

早めのウインカーがスムーズな流れをつくる

片側1車線の道でも、右折車線がある道でも、右折するときには早めにウインカーを出せば後続車が対応しやすくなり、スムーズな交通の流れがつくれる。

左折するときと同様に、道路交通法では**右折する30m手前でウインカーを出す**ことになっているが、ブレーキを踏む前に出すことをおすすめしたい。まずウインカーを出すことによって右折することが後続車に伝わり、ブレーキをかけることも予測してもらえるから安全にもつながるのだ。

センターラインに寄りラインと平行に止めて待つ

右折は待つことから始まる。対向車が来るうちは待つしかない。急げば危険につながる。

待つときは、後続車のじゃまにならないようにセンターラインに寄り、センターラインと平行にクルマを止める。斜めに止めると後続車が通る場所に自車の後部が出てしまうので後続車の進行のじゃまになる。

右折待ちのときに追突された場合、**クルマを斜めに止めていると対向車線に飛び出す危険性も高くなる**。ハンドルを直進状態にしておくのも同じ理由からだ。

右折待ちのときは、センターラインに寄り、ラインと平行に停止する。

運転術のキホン 安全な右折の方法とポイント

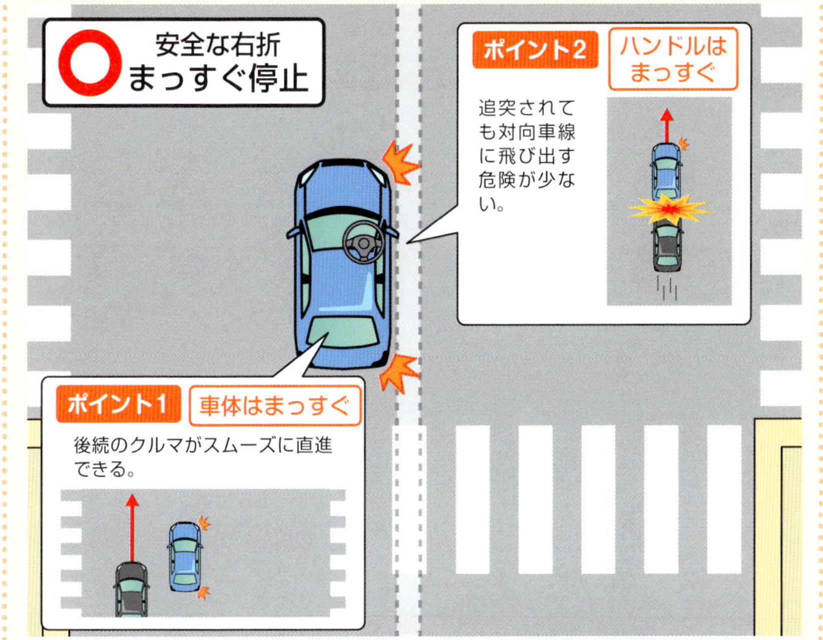

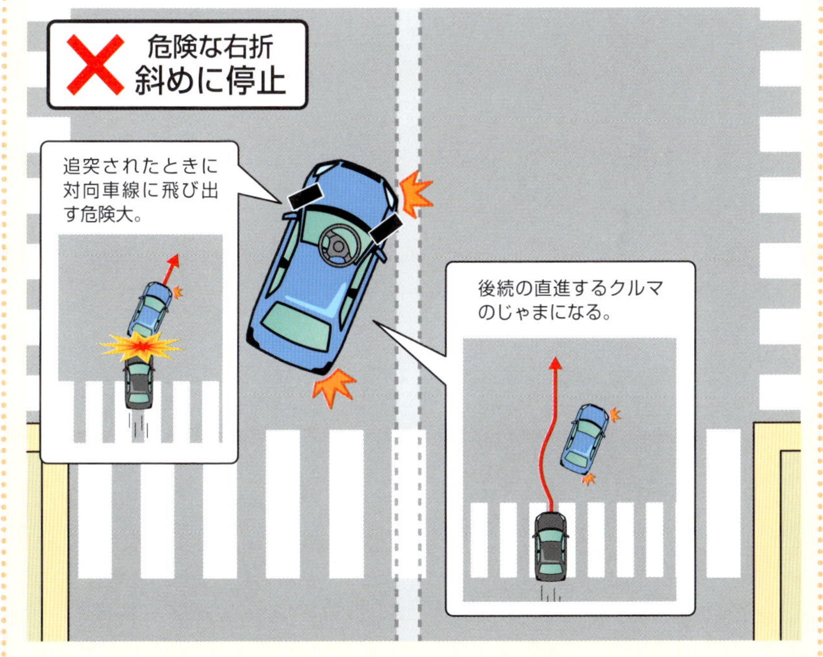

複数車線の右折は安全の見極めが難しい

片側1車線の道路より、右折車線、追い越し車線（通常、いちばん右側の車線）、走行車線があるような大きな道路のほうが、右折のための安全確認が難しい。それは、並行して多くのクルマが来るせいもあるが、対向する右折車線のクルマに隠れて**追い越し車線を走ってくるクルマが確認しにくい**からだ。

クルマが来ないと判断して一気に加速するのではなく、**ジリジリと前に出てもう一度確認する**とよい。

右折待ちで信号が黄色から赤色に変わったときでも、直進する対向車が来る可能性があることを考えて発進しよう。いくら相手が信号を無視して突っ込んできたとしても、事故は起こしたくない。**対向車のスピードダウンを確認**してから右折すること。

右折先の横断歩道まで確認してから右折を開始

対向車が来ないからといってすぐに発進するのではなく、**右折先の横断歩道の安全確認**をしてから右折を開始しよう。

横断歩道に歩行者、自転車などがいる場合は**動かずに待つ**。これは、横断歩道の手前で止まることになると対向車線をふさぐことになってしまうからだ。これから横断しようとする人がいる場合も同様である。

こちらが直進で前が渋滞していて交差点に入れないというときは、「**サンキュー事故**」を防ぐため、なるべく手前で止まるとよい。対向の右折車との距離があれば脇をすり抜けて直進してくるバイクも発見しやすいからだ。パッシングや手で「行っていい」というような合図を無責任に出すのはやめておこう。

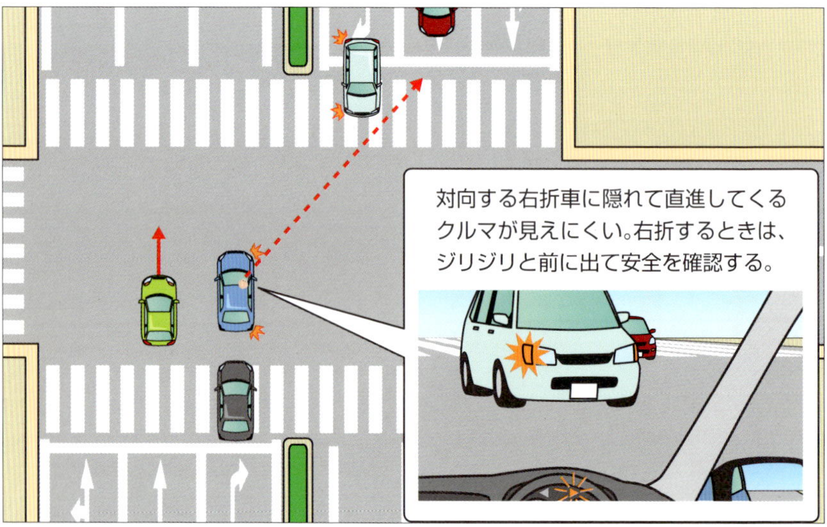

対向する右折車に隠れて直進してくるクルマが見えにくい。右折するときは、ジリジリと前に出て安全を確認する。

運転術のキホン 右折するときの安全確認

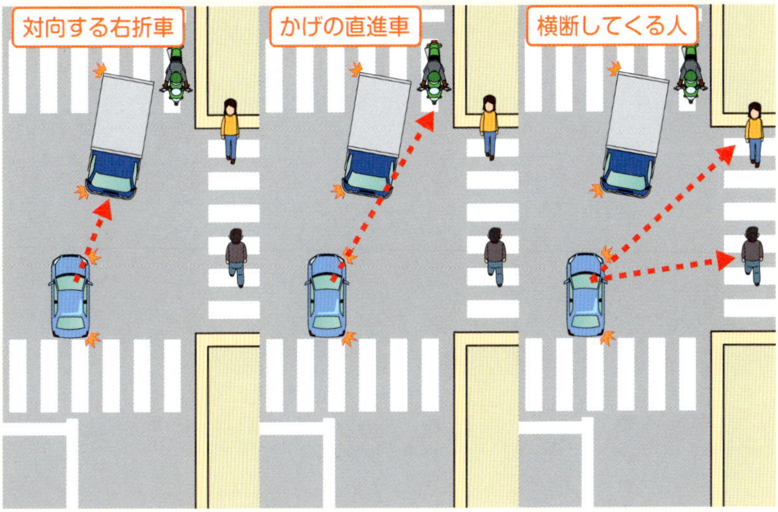

One point 安全運転のコツ

「サンキュー事故」対策

対向車が譲ってくれて「サンキュー」とお礼を言いながら右折したとき、脇をすり抜けてきたバイクと衝突してしまうのが「サンキュー事故」。こうした事故を防ぐためには、止まってくれた対向車の横からバイクなどが来る可能性をつねに予測してゆっくり進むことだ。

Q 上り坂でスピードが落ちすぎてしまいます。

A 坂の傾斜に合わせてアクセルを深く踏み込む！

アクセルを踏んだり戻したりしないほうがよい

上り坂ではエンジンの力をより使うので、そのぶんアクセルを踏み込むことが必要だ。

どれくらい踏み込むかは上り坂の傾斜によって異なるが、**アクセルを踏み込んでいって自分が考えていたよりスピードが出そうになったら、アクセルを徐々に戻す。**

全部戻すと自動的にシフトアップしてしまい高いギヤに変わり、力がなくなってスピードが落ちすぎてしまうが、アクセルを徐々に戻すことにより目標のスピードに合わせることができる。

上り坂は途中より頂上付近で注意を払う

上り坂で**危険なのは先が見えにくい頂上付近**だ。傾斜が変わるので急坂では縦方向のブラインド（死角）になるケースもある。先に遅いクルマや、停止しているクルマがいるかもしれないことを考えて、**いつでも止まれるスピードで走ることが安全**につながる。

また、頂上付近では傾斜が徐々にゆるくなってくるので、同じアクセルの踏み方ではスピードが上がってしまう。スピードメーターや周囲の状況を見て、コントロールをしなくてはならない。

上り坂では自分の考えるスピードになるまでアクセルを踏み込んでいく。

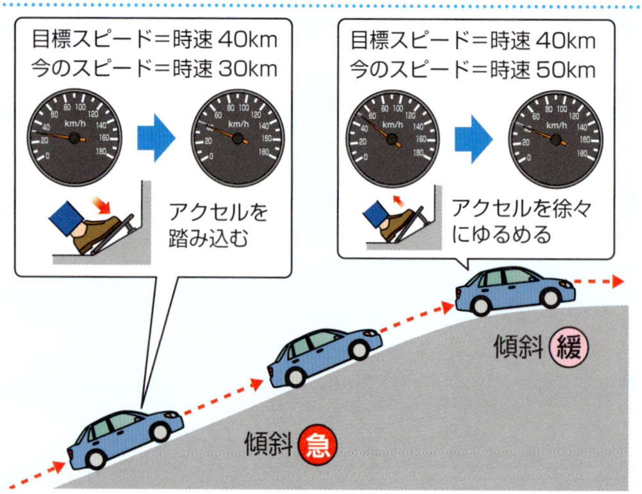

運転術のキホン 上り坂でのアクセル操作

基本の運転

アクセルペダルは徐々に踏み込み、徐々に戻すのがコツ。全部戻すのはダメ！
コンピュータが上り坂と判断して適切なギヤを選んでくれるので基本はDレンジのままでよい。
P
R
N
D

ケースによる運転

One point ❗ 安全運転のコツ

坂の頂上付近の危険回避

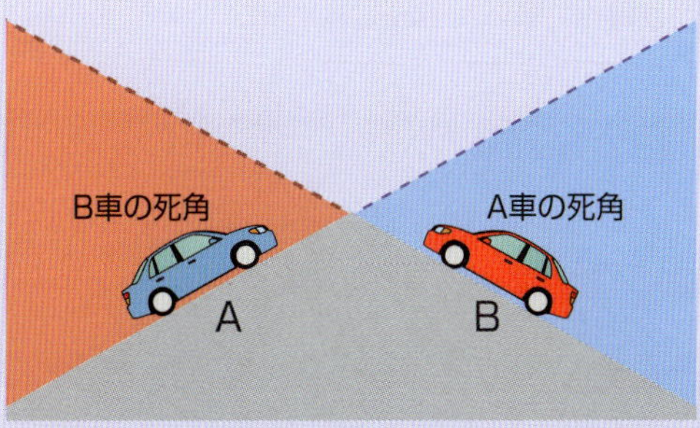

急こう配の坂の頂上付近は、その先の状況がつかめないので危険。前方に遅いクルマや停止しているクルマがあるかもしれないから、安全なスピードにおさえる。

Q 山道の下り坂でスピードを抑えるコツを教えてください。

A フットブレーキを中心にスピードをコントロール!

最近のAT車は下り坂の制御モードがある

市街地の下り坂はもちろんだが、山道の長い下り坂でも**フットブレーキを使ってスピードを落とすのが基本**だ。

AT車では、アクセルを放しても、場合によってはシフトダウンして低いギヤを保ちながら坂を下ることができるようになっている。その道路の制限スピードを守って走っているならこれで十分である。

急坂が長く続いてフットブレーキを使い続けなくてはならないようなら、**マニュアルモードで低いギヤを選ぶ**ようにする。

下り坂ではエンジン回転数が高くても燃費はよい

電子制御になった現代のエンジンは、下り坂でアクセルを放して走っているときにエンジン回転数が高くても、燃費は悪くならない。逆に、オンボードコンピュータの平均燃費は伸びているだろう。

アクセルを放してクルマの惰性でエンジンが回されている状態なら、何百m走っても燃料は1滴も使っていない。それは、**コンピュータが自動的に燃料カットしている**からだ。

ギヤをニュートラルにするのは、エンジンブレーキが活用できないので危険だ。

フットブレーキを使うのが基本。
アクセルを全部戻していれば燃料カットになる。

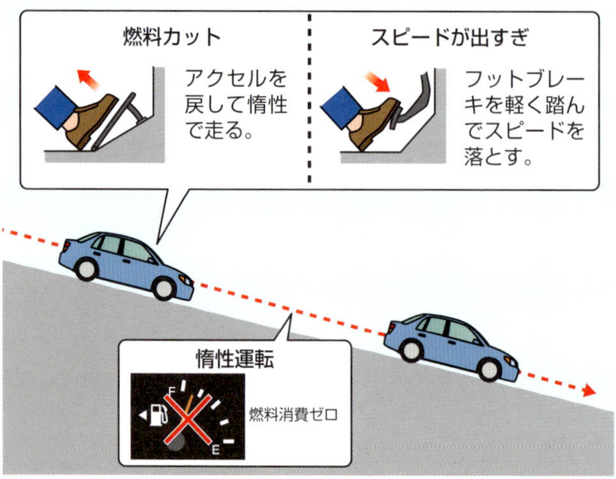
燃料カット
アクセルを戻して惰性で走る。
スピードが出すぎ
フットブレーキを軽く踏んでスピードを落とす。
惰性運転
燃料消費ゼロ

運転術のキホン 下り坂のスムーズな走り方

基本の運転
必要に応じてフットブレーキをコントロールする。ブレーキペダルはそっと踏むこと。
そっと
上り坂と同様に「D」レンジで走る。コンピュータが適切なギヤを判断してくれる。
P
R
N
D

急坂が続く場合
ATの「マニュアルモード」があるクルマで、急坂が続く場合には、このモードを使い、低いギヤを選んで走る。
P
R
N
D
−
M
+

One point トクする予備知識

下り坂はじつは燃費にやさしい?

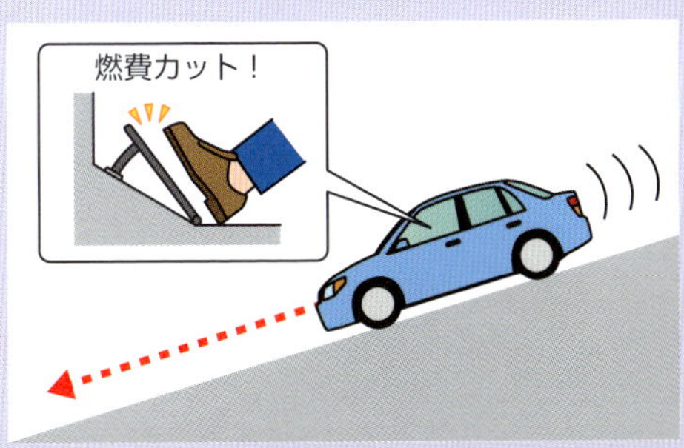

アクセルペダルを全部戻してエンジンブレーキだけで走行すると、エンジンの回転数が高くてもガソリンは1滴も使わない「燃料カット」のしくみが働く。とくに下り坂では惰性だけで走ることができるので、燃料を節約できる。エンジンブレーキをうまく使った、節約ドライブを心がけよう。

Q 山道などの急カーブでブレーキを踏みすぎてしまいます。

A ブラインドコーナーは先が見える範囲のスピードで！

カーブではアクセル操作でハンドルの補助をする

直線のうちにブレーキで減速し、カーブの入口ではブレーキをゆるめながらハンドルを切っていく。曲がり始めたらアクセルを少し踏んで一定のスピードで走り、カーブの出口が見えたら徐々にアクセルを踏み込んで加速していく。これが、カーブを走るときの基本だ。

さらに深く回り込んでいるカーブでは、アクセルを戻して軽く減速するとハンドルの効きがよくなり、同じハンドル角でもよく曲がってくれる。前荷重になってハンドルの効きをよくするからだ。

山道では3～4秒先が見えるように走る

クネクネ曲がった山道では、「**ブラインドコーナー**」と呼ばれる先が見えないカーブも多い。スピードを出して走ると先が見えなくても、スピードを落として走れば見えるようになる。

道路の先の見えるところに自車が3～4秒後に到達するくらいのスピードに落として走れば、ブラインドコーナーもブラインドではなくなる。先には大きな岩が落ちているかもしれないし、クルマが止まっているかもしれないという想像を働かせて走ろう。

カーブの手前＝減速、カーブ中＝一定スピード、カーブ後半＝加速が基本。

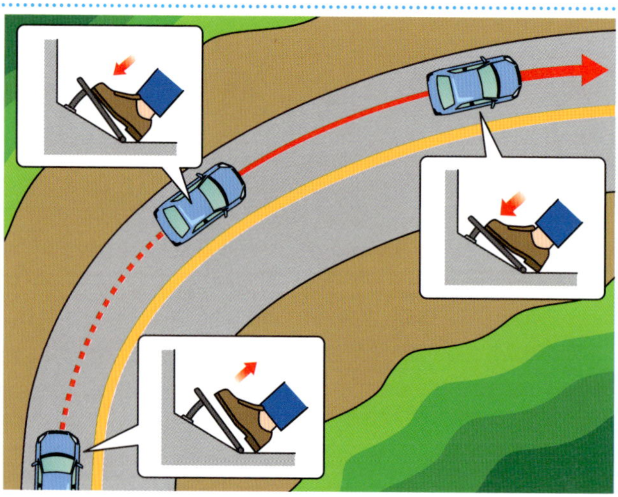

運転術のキホン

山道のカーブの安全な曲がり方

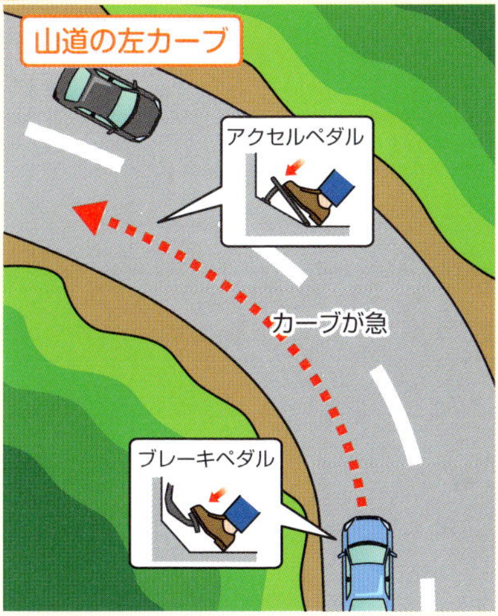

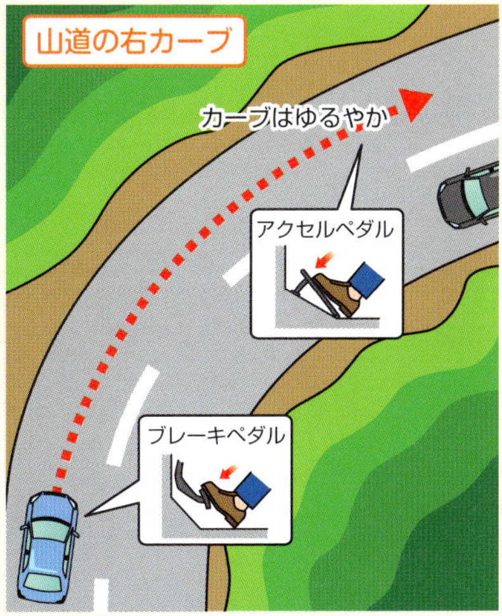

アクセルペダルを少し踏んで一定スピードで走っているときは、前輪と後輪にかかる荷重は静止時と同じ。カーブの手前でアクセルペダルを戻してエンジンブレーキを使うと前輪への荷重が大きくなります。これにより前輪のグリップ力が強くなり、ハンドルの効きがよくなります。ハンドルを切ってカーブに沿って曲がり始めたら、アクセルを少し踏んで一定スピードで走り、出口が見えたらハンドルを戻しながらアクセルペダルを踏みます。

一定速走行

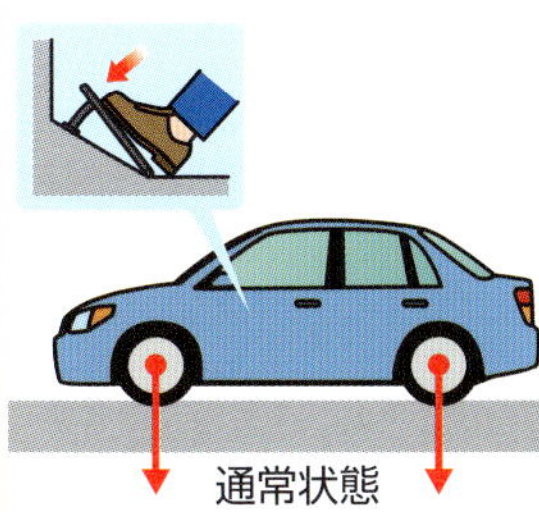

エンジンブレーキを使った走行

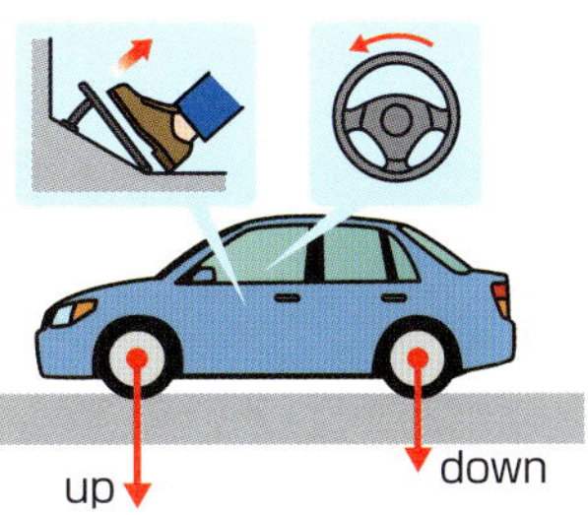

Q 見通しがきかない交差点ではどうやって安全を確認すればよいですか？

A 一時停止してからゆっくりと鼻先を出す！

一時停止の線で止まり、ジリジリと出て先を確認する

道路交通法では、「**見通しのきかない交差点を通過するときは徐行すること**」と定められている。そのような交差点は片方か両方の道が一時停止になっているが、一時停止したところで見えるようになるわけではない。

まず停止線などの停止位置で一度止まり、**左右の確認をしながらゆっくりと鼻先を出す**ようにしながら安全確認をするとよい。見えないからといきなり鼻先を出すと、道路の端を走ってきた自転車などと接触する危険性も高まる。

頭の位置を動かして目視で左右を見るのも効果的

運転席でドライビングポジションをとったときの目の位置からは、左右とも斜め前方はAピラー（運転席の前方にある柱）が死角となり、歩行者や自転車を見落とす可能性が出てくる。

交差点を曲がったり、通過したりするときの安全確認は、**頭の位置を動かしてAピラーの陰に隠れている人なども発見**しなくてはならない。SUV（スポーツ用多目的車）の場合はAピラーとくっつくようにドアミラーが死角をつくってしまうため、さらに注意が必要だ。

停止位置で止まったあと、ゆっくりと前進して安全を確認する。

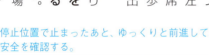

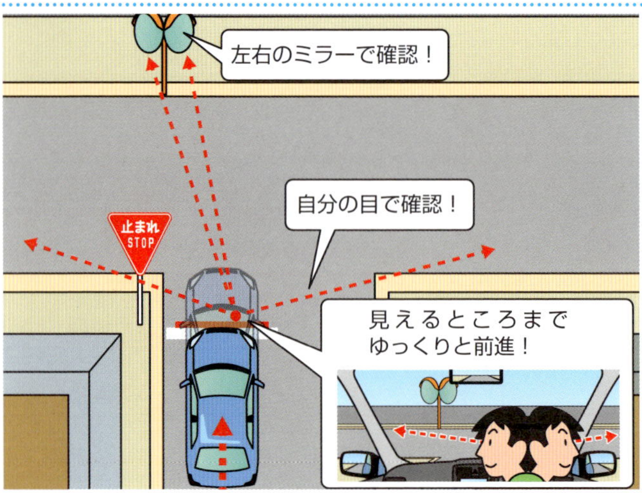
左右のミラーで確認！
自分の目で確認！
止まれ
STOP
見えるところまで
ゆっくりと前進！

運転術のキホン 見通しがきかない交差点の通行法

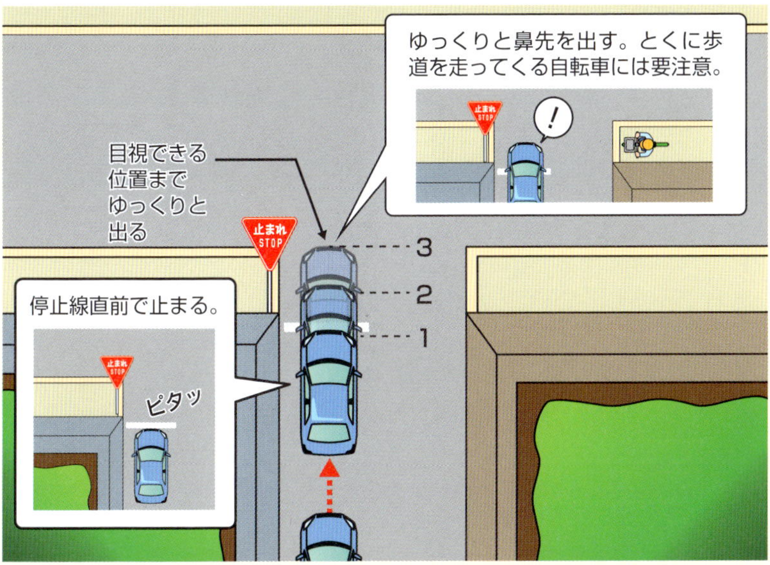

頭の位置を動かすことで、Aピラーのかげにいる人などを発見できる。

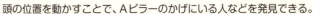

Aピラーで人などがよく見えない。
頭を動かせばはっきり見える。

Q 狭い道ですれ違うときのポイントを教えてください。

A できるだけ左いっぱいに寄り、クルマを斜めにしないこと!

脇道から何が飛び出すか想像力を働かせる

狭い道路では自車が走る場所が道路の端近くになるため、脇道から来る人の発見が遅れてしまいがちになる。脇道から出てくるのは人とは限らず、自転車、バイク、クルマもある。日本の住宅事情では、道路に面した玄関先から人が飛び出してくるということもある。そういう**起こり得る危険を想像しながら走る**と、制限スピードより遅いスピードで走りたくなる。

対向車がない場合や一方通行の道路なら、道路の中央寄りを走ったほうが飛び出しに対する安全性が高まる。

すれ違うときはクルマを左いっぱいに寄せる

狭い道でのすれ違いでは、横を擦(こす)ってはいけないと非常に神経をつかう。左側の路肩に縁石があって擦ってしまえばホイールに傷がつくし、家の塀などにボディが接触するのも避けたい。そこに対向車が来るとさらに神経をつかうことになる。

そんなときは、なるべく**クルマをまっすぐにするのがコツ**だ。斜めにすると、スペースがさらに狭くなる。路肩と平行に徐々に左に寄せていけばよい。ドアミラー同士がぶつからなければ大丈夫と思えば、意外と簡単にすれ違えるものだ。

クルマをまっすぐにし、自信がないときは左いっぱいに止め、相手を先に通す。

運転術のキホン

狭い道で気をつけるポイント

ポイント1 とにかくスピードダウン

飛び出しがあっても、すぐ止まれるスピードで走っていれば対処は可能。周囲をよく見てスピードを落として走ろう。

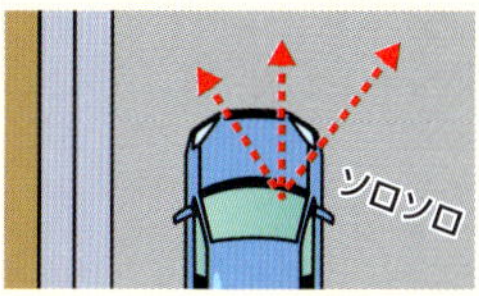

ポイント2 飛び出しに注意

交差点からの自転車や人の飛び出しはもちろん、家の門からの出現にも注意しよう。対向車がなければ、むしろ道の中央が安全。

すれ違い

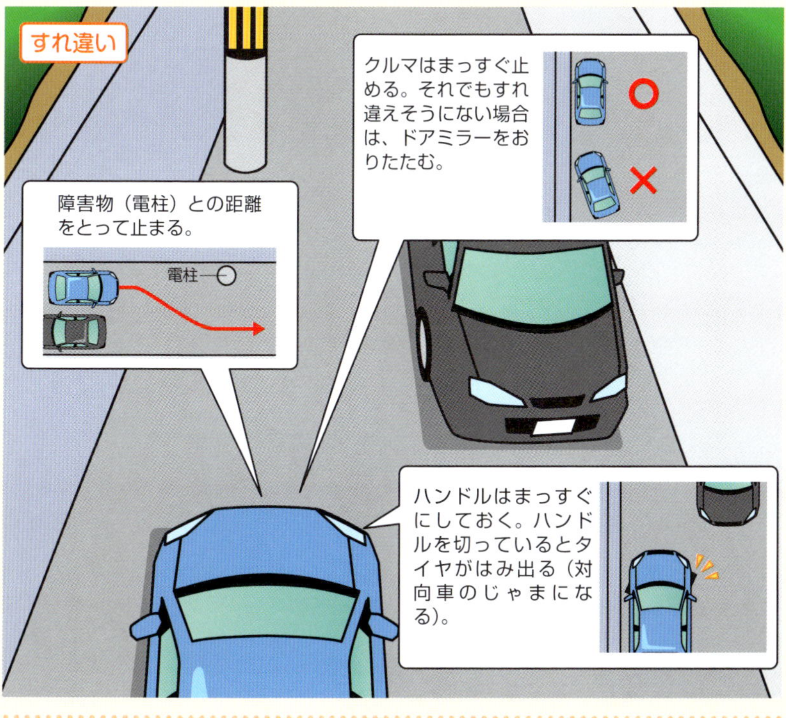

クルマはまっすぐ止める。それでもすれ違えそうにない場合は、ドアミラーをおりたたむ。
○
×
障害物（電柱）との距離をとって止まる。
電柱
ハンドルはまっすぐにしておく。ハンドルを切っているとタイヤがはみ出る（対向車のじゃまになる）。

Q 市街地で車線数の多い道路ではどこを走るのが安全ですか？

A 自車と他車の位置関係をふかんで把握しておく！

車線ごとに異なる特徴を理解して走る

3車線以上ある幹線道路では、**それぞれの車線の特徴を理解して走る**とよい。

市街地のいちばん左側の車線は駐車車両などがあって走りにくい。バス停がある場合は、停止しているバスに引っかかることもある。

市街地のいちばん右側の車線は右折車で引っかかることが多いため、中央車線が走りやすい。右折車線が別に設けられている道では右車線でもよいが、右折車線が始まるあたりの車線幅が狭くなるので注意する必要がある。

自車と周囲のクルマをふかんで捉えて走行する

車線数の多い道路では、前後だけでなく、**左右や斜め前後にいるクルマやバイクにも気を配る。**ミラーを有効に使い、頭の中で周囲のクルマの配置をふかんで捉えるようにイメージしておこう。

たとえば、左車線から中央車線に移る場合、右車線から中央に車線変更してくるクルマもあることを頭に置いてゆっくりと移ることが必要だ。前方のバス停にバスが止まったら車線の流れがどう変わるかなどを想像できるようになるとスムーズに走れる。

3車線以上ある道路では、両端以外の車線を走るのがビギナーにとって走りやすい。

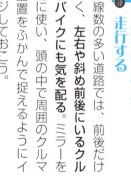

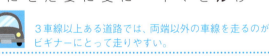

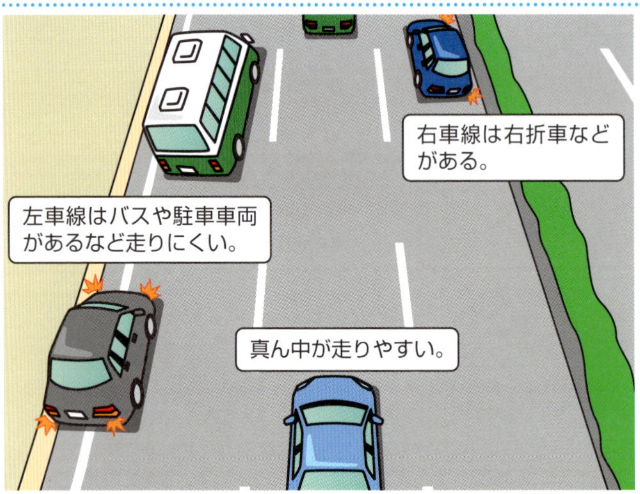
右車線は右折車などがある。
左車線はバスや駐車車両があるなど走りにくい。
真ん中が走りやすい。

運転術のキホン 多車線道路での車線ごとの走り方

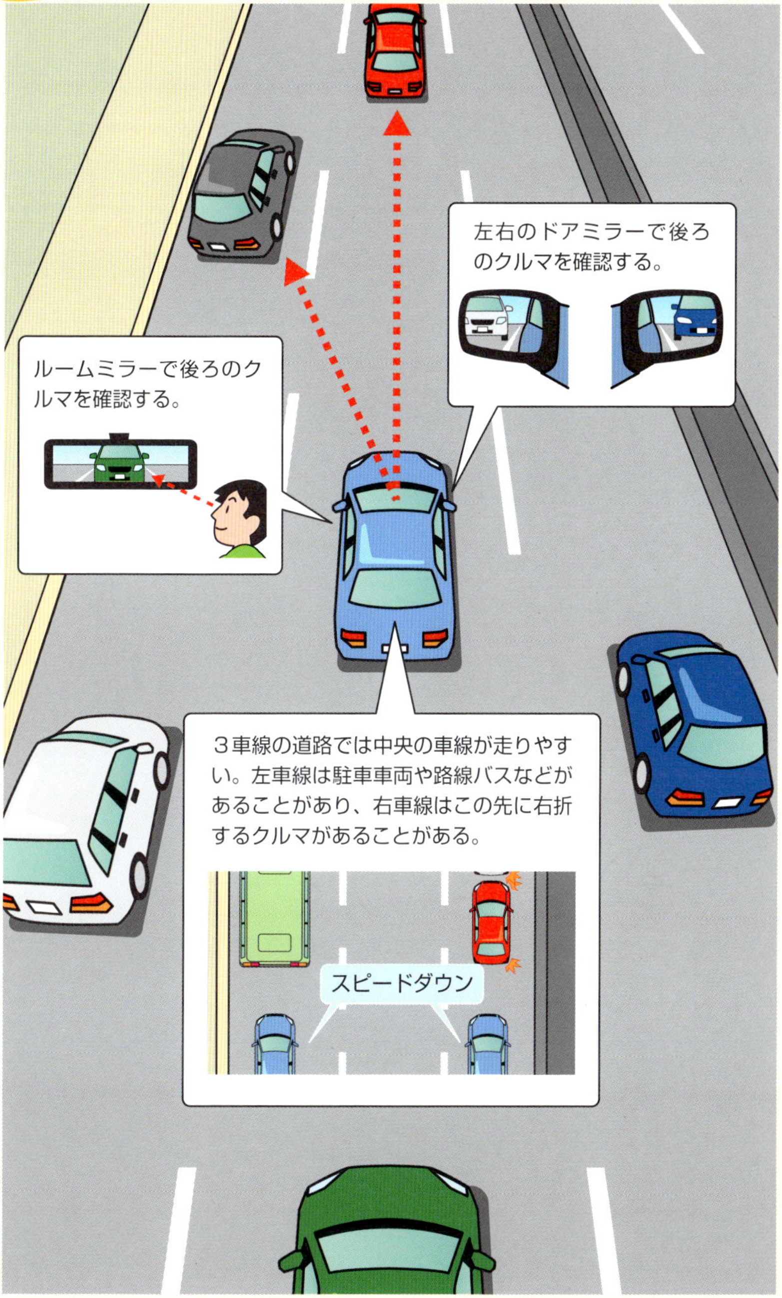

Q 信号が黄色になると通過してよいか迷います。

A 青→黄でアクセルを踏むのは品がない！

黄色信号では止まるつもりで走ること

日本では1秒間の全赤信号（4方向が同時に赤色になる）が標準なため、黄色どころか赤信号に変わったあとでも交差点に突っ込んでくるクルマが多い。ひどいときには、交差する側が青信号になったあとでも平気で通過していく。

この手のドライバーがいると直進車の通過を待っていた対向車線の右折車は右折できない。右矢印信号が出ても右折車が待たなければ事故になる。全体の交通の流れをよくするためには、**当たり前だが各自が信号を守ることが大事**だ。

後続車に止まる意思を早めに伝えるブレーキ

黄色信号では止まるのが基本だが、急ブレーキでしか止まれない距離なら進んだほうがよい。それでも停止線を越えるところで赤信号になってしまうなら、スピードが出すぎている。

黄色信号で止まるときに追突されるのを防ぐには、**後続車に対して意思表示を明確に**しよう。通過するか止まるか迷ったあげく急ブレーキで止まるのがいちばん危険。早いタイミングで強めのブレーキをかけて意思表示し、緩めながら停止すると追突されにくい。

急ブレーキがいちばん危険。
止まるときは早めの意思表示が大切になる。

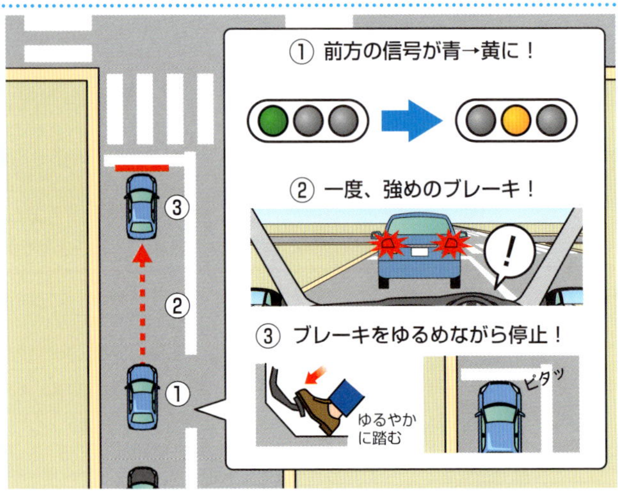
① 前方の信号が青→黄に！
② 一度、強めのブレーキ！
!
③ ブレーキをゆるめながら停止！
ゆるやかに踏む
ピタッ
③
②
①

運転術のキホン 信号の変わり目での運転方法

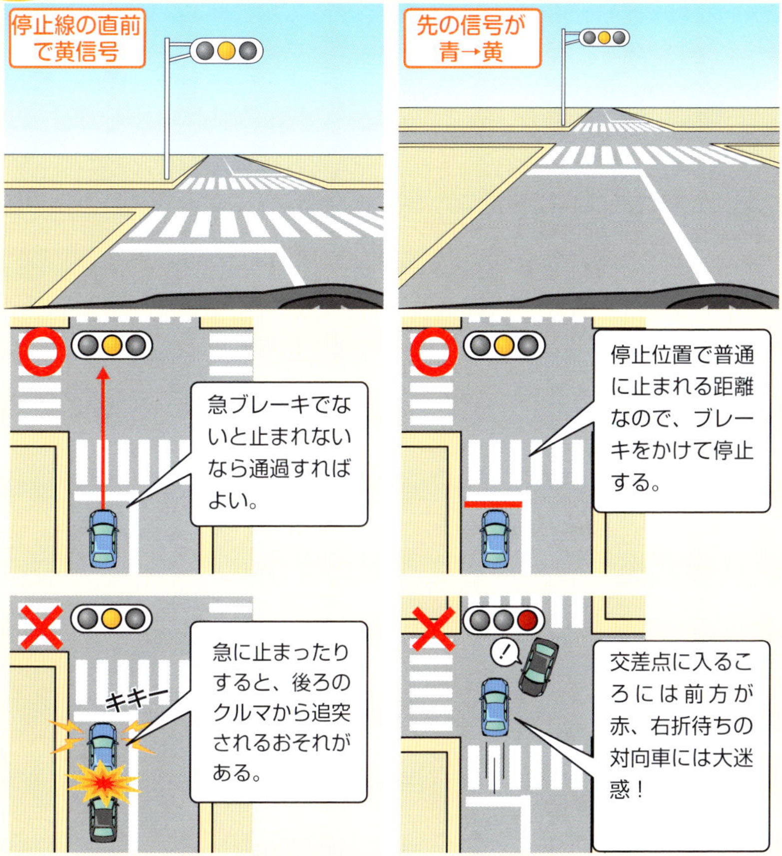

One point 安全運転のコツ

点滅信号と矢印信号

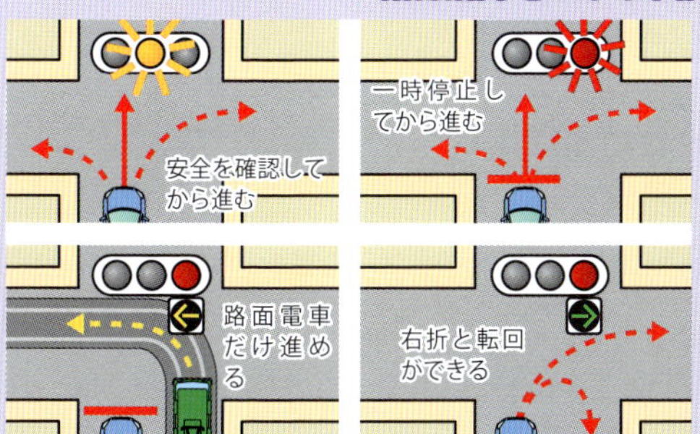

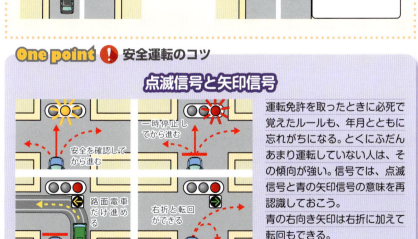

運転免許を取ったときに必死で覚えたルールも、年月とともに忘れがちになる。とくにふだんあまり運転していない人は、その傾向が強い。信号では、点滅信号と青の矢印信号の意味を再認識しておこう。

青の右向き矢印は右折に加えて転回もできる。

Q 長い距離を後退するとき、たいてい失敗してしまいます。

A 3つのミラーを有効に使い、ゆっくり小さくハンドル操作！

安全確認にはリヤビューモニターも役に立つ

たとえまっすぐな道でも、長い距離のバックは難しい。後方の安全確認がしにくいうえ、ハンドルが過敏に反応するからだ。

安全にバックするためには、直視だけでなく**3つのバックミラーをよく見てゆっくり動く**しかない。リヤビューモニターも大きな補助になる。

斜めになったら前進して仕切り直すほうが簡単

クルマのコントロールが難しいのは、結果的に後輪操舵（そうだ）になってしまうからだ。小さなハンドルの動きでもクルマの向きが大きく変わるため、**ハンドル操作は小さくゆっくりが基本**になる。

ほとんどの失敗は修正舵（しゅうせいだ）が大きすぎてクルマが大きく動きすぎてしまうことが原因なので、ハンドルはゆっくり少しずつ切る。クルマの動きが大きすぎるときは、スピードが出すぎていることも考えられる。

バックしているときにクルマが斜めになって修正できそうもない場合は、あれこれ操作するより、**早めにやり直す**決断をしたほうがよい。一度前進して角度を修正できる場所まで戻り、仕切り直したほうがリカバリーが容易になる。

ゆっくりバックするのが基本。
クルマが斜めになってしまったら前進してやり直す。

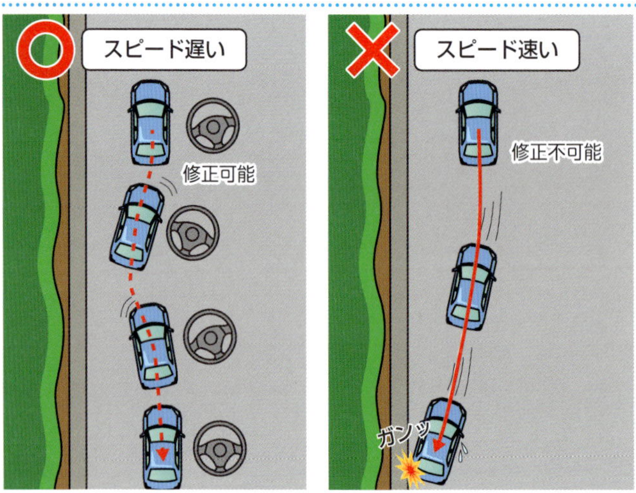

運転術のキホン 安全に後退するポイント

ポイント1 3つのバックミラー+直視でバック

直視だけでまっすぐバックするのは難しい。2つのドアミラーとルームミラーも活用する。

ポイント2 とにかくスピードダウン

スピードが出すぎていると少しのハンドル操作でもクルマが大きく動く。

ポイント3 斜めになったらやり直す

クルマが斜めになってからの修正は困難。前進してやり直そう。

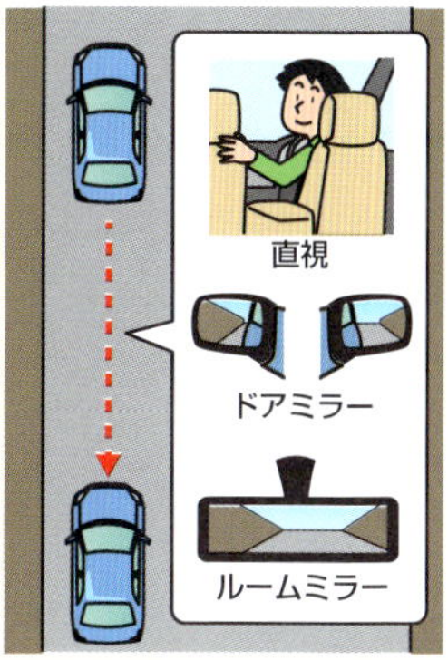

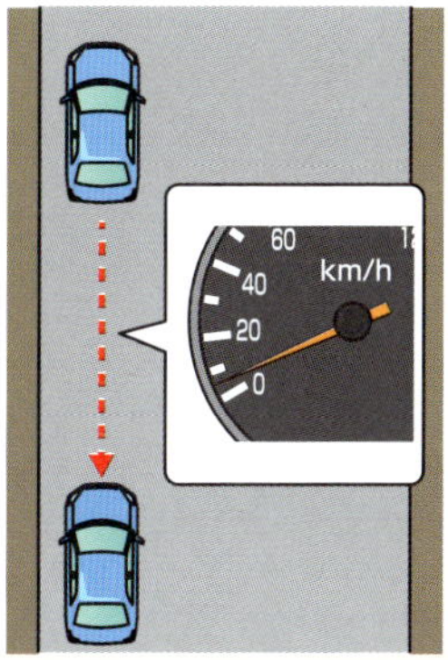

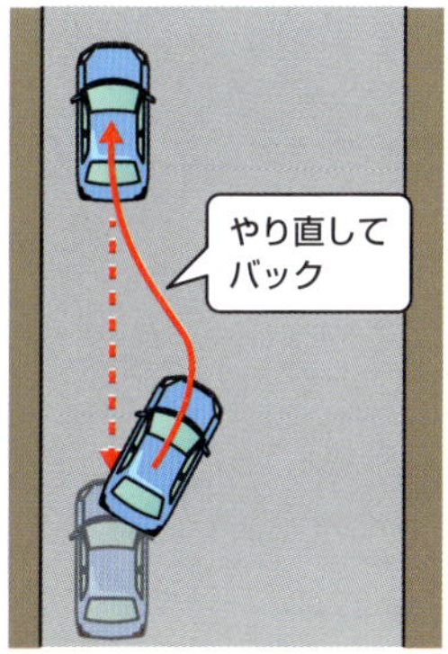

ハンドルを持つ位置は前進するときと同様に、右手なら3時、左手なら9時でバックしましょう。違う位置を持ったり、途中で変えたりすると、どこがまっすぐかわからなくなるので曲がってしまいます。正しい位置を持って、小さくゆっくりが基本です。

One point! 最新クルマ情報

リヤビューモニター

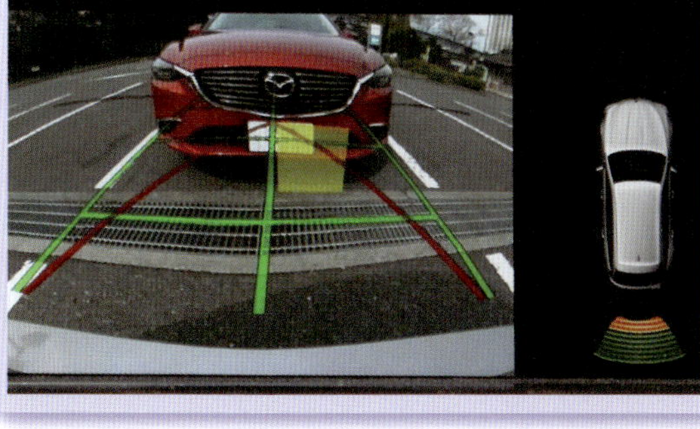

リヤビューモニターは、ダッシュボードのナビ画面やルームミラーに映るクルマの後方の映像を見ることができる装置。便利であると同時に安全性も高まった。ハンドルを切るとどこに向かうか線で示すものもある。

Q 運転に気を取られ、標識をよく見落としてしまいます。

A 目的地までの下調べや同乗者の補助が効果的！

事前に目的地周辺の地名を知っておくことも大切

知らない土地へのドライブは楽しいものだが、道に迷うと不安になるし、集中力が途切れて事故の可能性も高まる。

最近はカーナビの進歩により、案内標識を見なくても目的地まで行けるようになったが、ナビが指示する道が通れないときなどでは現地での案内標識が頼りになる。

そんなとき、**事前に目的地の周辺やその先の地名を把握しておく**と便利。小さな町などでは、案内標識に出てくる地名がその目的地とは限らないからだ。

新しい標識「ラウンドアバウト」の走行ルール

青地に白い円形の矢印が3つ描かれている「**ラウンドアバウト（環状交差点）**」用の新しい標識が制定された。

ラウンドアバウトは時計回りで、**中の環道を走るクルマが優先**され、外から入るクルマは環道のクルマが来る場合には入口で待たなくてはならない。

環道から出る場合は、**出る1つ手前の出口を通過するところで左にウインカーを出すのがルール**だ。最初の出口で出る場合は、入口から左ウインカーを出しておく。

ドライブのときは、助手席の人にも標識読みを手伝ってもらおう

運転術のキホン 「ラウンドアバウト」の走行ルール

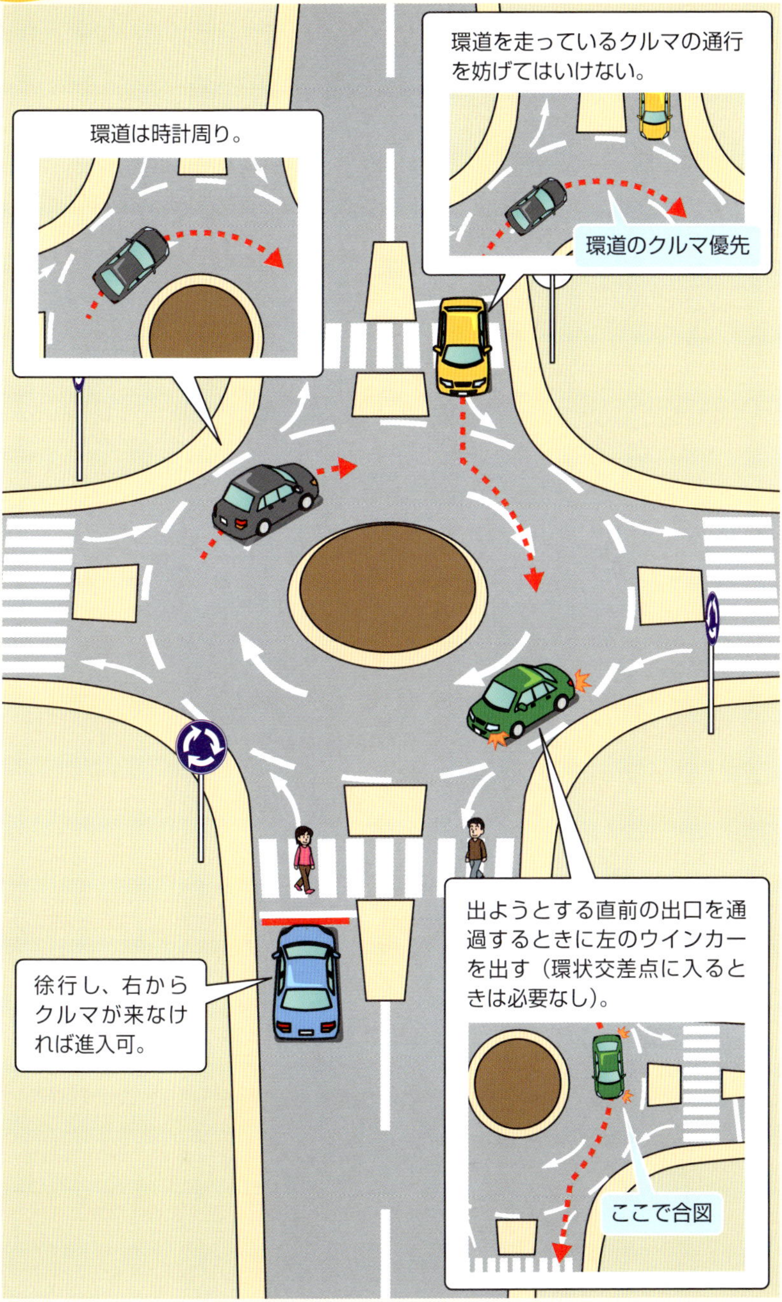

Q ヘッドライトは昼間でもつけて走ったほうがよいですか？

A ヘッドライトには自車の位置を知らせる目的もある！

ヘッドライトをつける意味は2つある

ヘッドライトをつける目的は、前方を明るく照らしてドライバーが安全確認をしやすくなるだけでなく、**自車の存在を周囲に認識させる**という重要な役目がある。自分は見えているからといってヘッドライトをつけないのではなく、周囲に自車の存在を知らせるために、つけていたほうがよいのだ。

朝日や夕日をバックに走るときや、少し雨が降っているときなども、ヘッドライトの点灯で**他のドライバーなどに自車の存在をアピール**すれば安全性が高まる。

周囲が暗くなる前にヘッドライトをつけよう

道路交通法では、**日没から日の出までライトを点灯しなければならない**ことになっているが、ヘッドライトは暗くなる前につけるのがよい。

日没の時刻でも晴れの日はけっこう明るいものだ。多くのドライバーは、まずスモールライトをつけ、周囲が暗くなってからヘッドライトを点灯するのが実情だ。

さらに残念なことに、最近増えた自動で光るメーターのために室内の明るさで周囲の暗さに気づかず、ヘッドライトをつけずに走っているクルマも多い。

ヘッドライトをつけることによって、自車の存在に気づいてもらいたいケースでは昼間でも積極的につける。

ライトをつけて自車の存在を示す。

運転術のキホン　ヘッドライトをつける意味

意味1 自車の存在をアピール

スモールライトが明るく光る DRL（デイタイムランニングライト）が増えています！

意味2 ドライバーの視界の確保

昼間でも薄暗くなったらヘッドライトを点灯！

ヘッドライトの点灯で安全性が高まるケース

Q ヘッドライトは「ロー」と「ハイ」どちらを使うべきですか？

A 道路状況に応じて使い分けるがハイビームが基本！

信号待ちではヘッドライトを消さないこと

対向車がなく先行車もいない場合、ヘッドライトは**約１００ｍ先まで確認できる機能をもつハイビームにするのが基本。**ハイビームなら、ロービームの照射範囲の外側にいる歩行者の確認もできるからだ。

一方、都市部や交通量が多い道路では、**約40ｍ先まで確認できるロービームが主体**となる。

残念ながら日本では2つのビームの使い分けができていないうえ、信号待ちでロービームでさえ消してしまうドライバーが多い。アメリカでは、これで日本人観光客のドライバーが取り締まられたこともある。

ＤＲＬ（デイタイム・ランニング・ライト）の日本導入時期は？

北欧3か国やオーストリアでは、昼間でもヘッドライトを点灯して走行するＤＲＬ（デイタイム・ランニング・ライト）が法制化されている。

カナダではエンジンをかけたらヘッドライトを消せない構造のクルマしか販売できないし、欧州やアメリカでも昼間、ヘッドライトを点灯して走るクルマが増えている。**周囲に自車の存在を示すことで安全性が高まる**ことが一般ドライバーにも認識されているからであり、近い将来、日本でも法制化されるだろう。

都市部、先行車や対向車がいる道路以外は、ハイビームで走る。

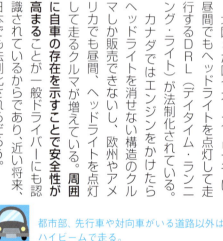

先行車や対向車がいない道路（ハイビームが基本）

運転術のキホン ハイビームとロービームの範囲と使い分け

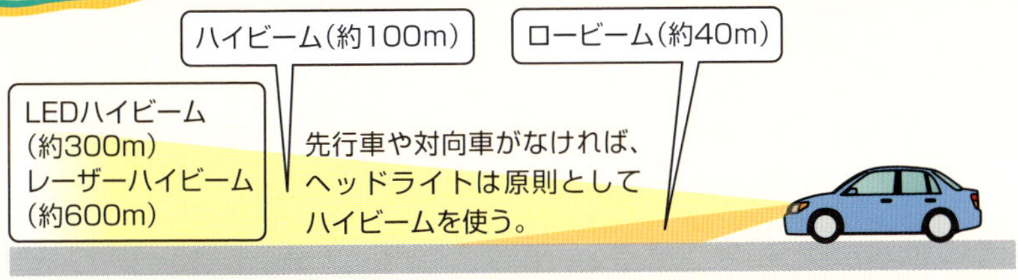

暗い道でロービームでは歩行者が見えない。ナイトビジョンでは右側に歩行者が確認できる(人を黄色で表示)。

One point! 安全運転のコツ

ハイビームにする理由

ロービームは対向車がまぶしくないように、右側は左側より照射範囲が短い。そのため、右側から渡ってくる歩行者の発見が遅れてしまう。都市部、先行車や対向車がなければハイビームで走ろう。

Q 雨の日にガラスが曇ってしまいます。曇らないよい方法はありますか？

A 窓をきれいにし、エアコンを活用して車内の湿度を下げる！

エアコンを使って窓の曇りを解消する

車外が寒く車内は暖かい場合は、窓に水滴がついて曇ってしまう。梅雨どきや雪道での運転では車内の湿度も高くなるので、とくに窓が曇りやすい。

そんなときは、**空気の温度を下げると同時に湿気をとる効果があるエアコンの機能を使って車内を乾燥**させれば、水滴もつかず曇りがとれる。温度が下がったぶんは、ヒーターを使って温度を上げればよい。

また、**窓の内側が汚いと曇りやすいのできれいにしておく**ことも大切なポイントだ。

滑りやすい路面はテカテカ光っている

アスファルト舗装の路面は、平らに見えてじつは小さな凸凹がある。この凸凹によって水がはけてタイヤはグリップしてくれるのだが、多くのクルマが走って古くなった路面は凸が少しずつ削れてなくなり、ゴミやアスファルトが凹に詰まって平らになっている。このような路面は水はけが悪いのでとくに滑りやすい。雨の日にテカテカ光って見える路面は滑りやすくなっていると思ったほうがよい。

路面を読み、減速して走ることが雨の日には求められる。

車内の湿度が高いとガラスが曇りやすい。
エアコンの機能を活用しよう。

運転術のキホン 雨の日のドライブを快適にするポイント

ポイント1 窓の曇りをとる

雨の日は、ただでさえ見通しが悪い。加えてフロントガラスが曇ってしまうと、なおさら危険。エアコンなどの機能を使って視界を良好にして運転することが雨の日には重要。航続距離が短くなるので、エアコンを使いたくないEVの場合は「クリンビュー」がおすすめ。

外気導入切り替えスイッチ

外からの空気を取り入れることで、車内の湿度を下げて窓が曇らないようにする。

A/C（エアコンディショナー）スイッチ

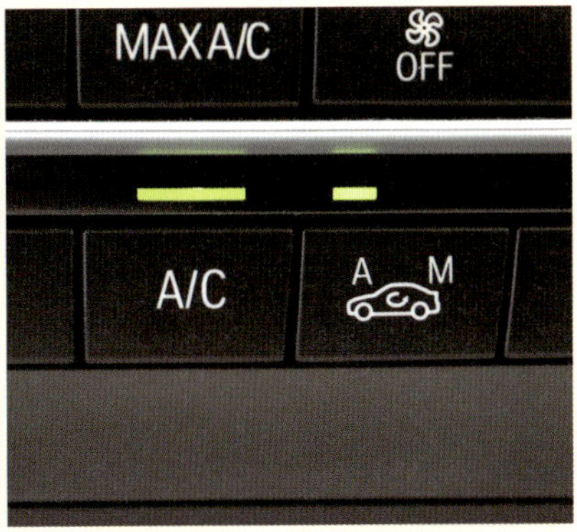

ONにすることで除湿効果が期待できる。

ポイント2 路面を見て滑りやすい状況を察知する

雨に濡れた路面はタイヤと路面の最大摩擦力が低下する。通常のブレーキの動きなどではさほど変わらないが、急ブレーキの場合は、乾いた路面より制動距離が延びる。

Q 霧の中ではどんなことに気をつければよいですか？

A ヘッドライトで自車を目立たせ、ゆっくり走る！

濃霧のときはロービームのほうが走りやすい

自車のボンネットのすぐ先しか見えない濃い霧の中を走る場合、センターラインがある道ならラインをまたぎ、そこから外れないようにかなりゆっくり走り、対向車のライトが見えたらすばやく左に避ける。

ヘッドライトをハイビームにすると、濃い霧の中では乱反射を起こして真っ白になる。上も照らすようになっているフォグランプも同様。**ロービームだけのほうが走りやすいことがほとんど**だが、その場でいろいろと試し、いちばんよく見える方法を探すとよい。

リヤ・フォグランプは霧か雨のときだけ使用する

最近は欧州からの輸入車だけでなく、寒冷地仕様の日本車にも「**リヤ・フォグランプ**」が装備されるようになった。ただし、使い方はまだ徹底されていない。

せっかく装備されているのに霧でもつけないケースや、霧や雨でもない乾いた道路を走っているのにつけているドライバーもいる。本来このランプは、**霧や雨の水しぶきで視界が悪いときに後続車に自車の存在を示すためのもの**なので、晴れの夜につけるとまぶしくて後続車の迷惑になってしまう。

ヘッドライトは基本的にロービームを使用。濃い霧でのハイビームは光が乱反射する。

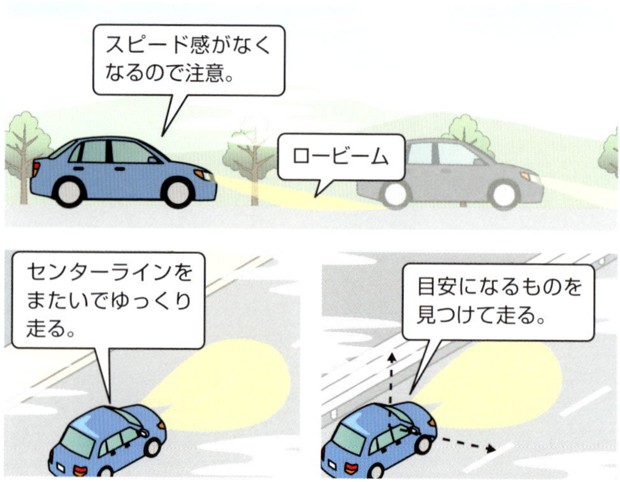
スピード感がなくなるので注意。
ロービーム
センターラインをまたいでゆっくり走る。
目安になるものを見つけて走る。

運転術のキホン　濃霧の中で運転するときのポイント

少し先の左側の白線やセンターラインなどが見える場合

これらの線を目安に走る。ヘッドライトはロービームで。

ボンネットの先しか見えない場合

わずかに見えるセンターラインなどをまたいで走る。スピードをかなり落とせば、対向車のライトが見えてすばやくよければ衝突はしない。

ハイビームは光が霧に乱反射して、目の前が真っ白になる。

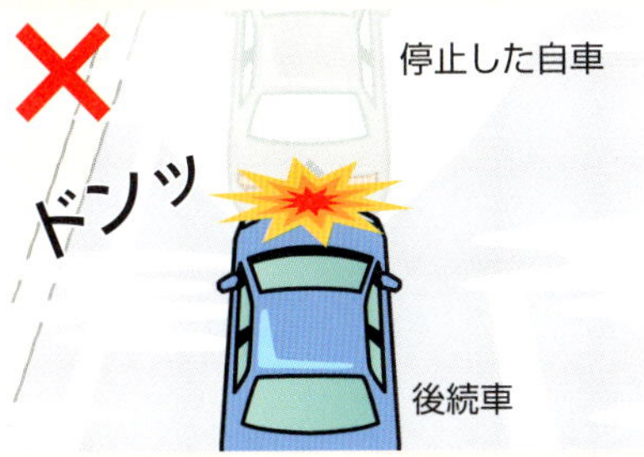

見えないからといって道路上に止まってしまうと追突される危険が大！

One point！ 最新クルマ情報

リヤ・フォグランプ

霧や雨などで視界が悪いときにつけ、自分のクルマの存在を示すためのもの。視界がよいときにつけると後ろのクルマがまぶしいのでつけてはいけない。そのようなクルマが前を走っていたら、ある程度の距離をとって走ったほうがよい。

Q 冬タイヤであれば、雪道でも安全に走れますか？

A 雪と氷では雲泥の差。路面の状態を見分ける！

雪の上を狙うと止まりやすく発進しやすい

雪道を走るときは、冬タイヤを履いていても無理はできない。ハンドル、アクセル、ブレーキを丁寧に扱い、いくら慎重に運転していても、アイスバーン（路面凍結）で滑ることがある。路面の摩擦係数が低くなり、アイスバーンで急ブレーキをかけた場合は、乾いた路面の数十倍の制動距離になる。

雪道の中に潜んでいるアイスバーンを見分けて、**タイヤがアイスバーンに乗らないように路面を選んで走る**。とくに市街地の交差点は、圧雪路がタイヤで磨かれてアイスバーンになりやすいので、雪の路面の上を選んで走るとよい。

縦のグリップと横のグリップを同時に使わないのがコツ

雪道などでは、**縦のグリップ（アクセル、ブレーキ）と横のグリップ（ハンドル）の両方を同時に使わないようにする**とうまく走れる。

とくにアイスバーンになっている道路ではタイヤのグリップ力（μ＝ミュー）が小さいため、カーブでハンドルを切りながらブレーキをかけたり、ハンドルを切りながらアクセルを踏んだりする縦と横のグリップを同時に使う動作をすると滑りやすくなるので注意が必要だ。

冬タイヤでも油断はできない。
路面を見分け、スピードを抑えて走る。

雪道を走るときのタイヤ

雪道では冬タイヤにするべきか、夏タイヤでもチェーンをつければよいのか?

○ スタッドレスタイヤ、またはウインタータイヤで走る。

△ 夏タイヤにチェーンという運転は危険が大!

運転中に雪が積もってきてもチェーンはすぐにつけられないので、それまで滑りながら雪道を走ることになる。

途中で雪がなくなってチェーンをつけたまま走ると、時速50㎞以上は出せない(チェーンが切れるため)し、舗装路では滑りやすいので逆に危ない。

高速道路では「チェーン規制」と出ますが、これは「冬タイヤ規制」としてほしいものです。「チェーン規制」では、「チェーンをつけなければならない」と思ってしまいます。もちろん、4本ともスタッドレスなどの冬タイヤならそのまま走れます。これが「第一次チェーン規制」で、冬タイヤでもチェーンをつけなければならないのが「第二次チェーン規制」。これはインター閉鎖直前の状態で、降り続けば閉鎖されます。要は、雪が多いところへ向かうときは冬タイヤをつけるのがベストなのです。

路面でタイヤが滑ってしまったら逆の操作をする

雪道で滑ったときは、**滑る原因となった操作をやめて逆のことをするのがポイント**だ。

たとえば、ハンドルを切って滑ったらハンドルを戻す、ブレーキペダルを踏んで滑ったらブレーキを戻す、アクセルペダルを踏んで滑ったらアクセルを戻す。これができないとグリップの回復は難しい。

曲がろうと思ってハンドルを切ったときに前輪が滑った場合などは、ついもっとハンドルを切りたくなるが、これをやったらさらに滑ってしまう。

このときは、ハンドルを切る操作が速く大きかったために滑ったのだから、一度ハンドルを戻してからもう一度ゆっくり切る。

適切に対処するためには、**今自分がどんな操作をしているかを把握していることが大事**になる。

場合によっては横滑り防止装置を解除したほうがよい

エンジンやブレーキを電子制御することで滑りを止めようとする装置が、多くのクルマに装備されるようになった。

この電子制御装置により、安全性は高まったが、深い雪道から抜け出そうとするとタイヤの空転を止めるためにエンジンの出力を自動的に絞ってしまうため、逆に発進できないこともある。

そんなときは「**横滑りマーク**」のボタンを1回押して電子制御を解除してアクセルを踏むと、タイヤが空転して深い雪道から脱出できる可能性が高まる。タイヤが空転さえすれば前進できる状況の場合には効果的な方法だ。

注意したい雪道の路面状況

ミラーバーン	鏡のようにツルツルになっている路面で最も危険な状態。交通量の多い道路や交差点などで見られる。とくに交差点では、発進時のタイヤの空転、停車時のスリップなどが起こる原因にもなるので注意が必要。
アイスバーン	氷になった路面のことで、日中気温が上昇して解けた雪が夜になって再び凍るとこの状態になる。ミラーバーンと並んで最も危険な状態。
ブラックアイス	濡れたアスファルトに見えるが、じつは氷で覆われているという状態。冷え込む朝方などに路面が黒く見えたら要注意。
シャーベット状	シャーベット状の雪のすき間からアスファルトが見えると、一見大丈夫そうに思えるのだが、水分を含んだシャーベット状の雪は意外と滑りやすいので注意が必要。

運転術のキホン 雪道を走行するときのポイント

冬シーズンに入って最初に雪道を走るとき、試しておきたいことがあります。前後にクルマがいないことを確認したうえで、ABS（アンチロック・ブレーキ・システム）が効くまでブレーキペダルを強めに踏み込み、どれだけブレーキが効いてどれだけ滑るかを把握しておくのです。これを知っておくと、雪道でのブレーキペダルの踏み方に注意するようになります。

シーズンの最初に1回　　それ以降

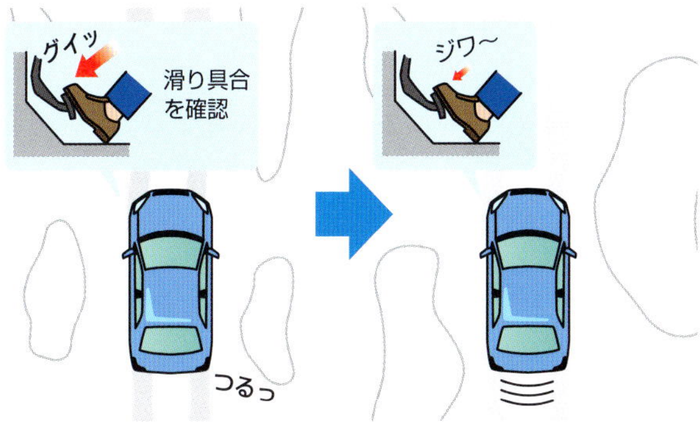

路面の状況による摩擦係数の違い

＊数字が小さいほど滑りやすい。

乾いたアスファルト

μ=0.8〜1.0

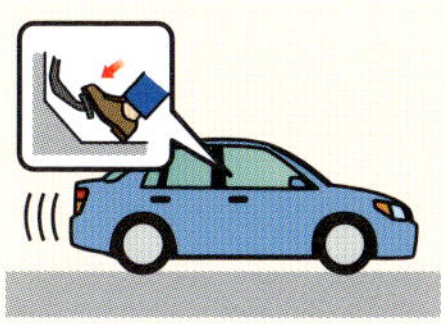

濡れたアスファルト

μ=0.5〜0.6

雪道

μ=0.3〜0.4（圧雪路・氷結路はμ=0.1〜0.2）

雪道でも、ブレーキペダルを一気に踏み込まないゆったりしたブレーキ操作であれば、使うグリップ力は乾いたアスファルトの場合とそれほど変わらない。

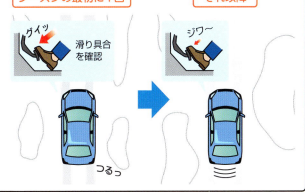

コラム モータリゼーション先進国 ドイツに学ぶ 3

市街地は時速50km、郊外は時速100km

ドイツの法定スピードは3つで、市街地は時速50km、郊外は時速100km、アウトバーンでは推奨時速130kmで、安全が確保できるならそれ以上出せることになっている。

郊外の一般道を走っていると、町や村の名前が書いてある黄色の看板が出てくる。ここからは時速50km制限になる。町や村が終わるところでは、町の名前に斜線がかかっている看板が出てくる。ここからは時速100km制限になる。そこでは数字が書かれた標識は出てこないから、町や村の看板に要注意だ。

3つの法定スピード以外のところでは、制限スピードの標識が設置されている。道路工事での規制だけでなく、道幅が狭いところや歩行者が多い道などは低い制限スピードが設定される。

一般道でセンターラインが実線の場合は、追い越し禁止区間である。日本と違って黄色ではなく白線である。アウトバーンも含めて黄色の線は工事中など臨時の線の場合のみで、白色でも黄色でも実線はまたぐことはできないと思っていたほうがよい。追い越し可能な場所は破線になる。2本あって片方が実線の場合は、実線側からの追い越しはできない。

PART 4

[実践編]

駐車・停車

Q 上手に駐車するためにはどんなテクニックが必要ですか？

A 「アリさんブレーキ」と正しいハンドル操作が決め手！

「アリさんブレーキ」でゆっくり走る練習をする

AT車はブレーキペダルをゆるめるとアクセルペダルを踏まなくても、はい出すように時速８㎞から10㎞ぐらいで進んでいく「**クリープ現象**」（→P41を参照）が起こる。駐車のときは、ブレーキペダルを弱く踏んでクリープを抑えながらゆっくり動かすのがよい。

イメージ的にはアリが歩くようなスピードだ。「**アリさんブレーキ**」（→P40を参照）を使うことでハンドル操作が遅れてもカバーでき、より正確に目的の場所に向かわせることができる。

1、2、3とカウントしながらハンドルを回す

ロックするまで大きくハンドルを切る車庫入れや縦列駐車では、正しいハンドル操作ができるかどうかでクルマを動かす正確さが大きく違ってくる。クルマが動いてからハンドルが切れている方向を知るケースが多いが、これではすべてが遅れてしまう。

直進から切り始めるときに**9時と3時のハンドルの位置を持ち、1、2、3とカウント**しながら回していけば（→P36を参照）、どちらにどれだけハンドルを切っているかが自然とわかるはずだ。

ゆっくり走って正しいハンドル操作ができれば、うまくいく可能性が高まる。

運転術のキホン

「アリさんブレーキ」＋正しいハンドル操作が基本

駐車の基本操作1　アリさんブレーキ

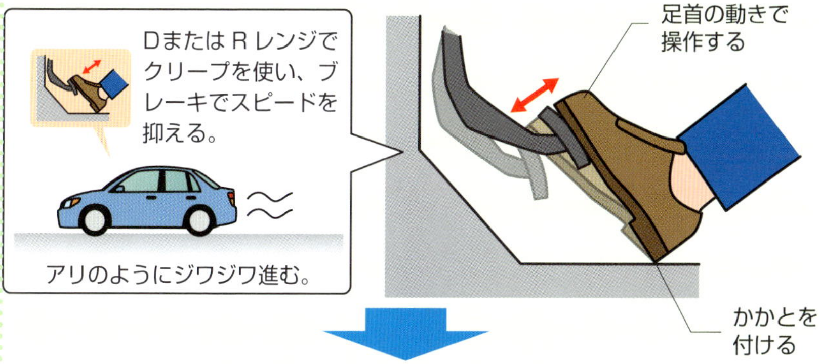

DまたはRレンジでクリープを使い、ブレーキでスピードを抑える。
アリのようにジワジワ進む。
足首の動きで操作する
かかとを付ける

駐車の基本操作2　正しいハンドル操作

Q バックでの車庫入れでハンドルを切るタイミングがつかめません。

A 後輪が通る道筋をイメージしながらバックする！

日本ではバックで入れるのが駐車の常識

アメリカでよく見かけるのは、駐車場にクルマの頭から突っ込んで止める光景だ。自宅の車庫でもスーパーマーケットの駐車場でも前進で止めてバックで出る。これには理由がある。**トランクが通路側になって荷物を積み込みやすい**というメリットがあるということ、またアメリカは**駐車場の1台分の枠が広く通路も広いため、バックで出るのも楽**だからだ。

しかし、日本では駐車場の枠が小さいため、**バックで入れて前進で出る方法が一般的**だ。

バックだとクルマのフロントの横移動が可能

なぜバックだと狭い場所に入れやすいのかというと、**ハンドルを切ることによってクルマのフロントを横移動させることができるから**だ。バックしていく方向がほぼクルマの向いている方向だとすると、クルマのフロントを横移動させることによりクルマの向きを大きく変えることができるから、バックしていく方向も変えることができる。

頭から曲がっている場所に入ると内輪差（→P79を参照）が生じて難しくなるが、バックなら内輪差を考える必要もなくなるのだ。

駐車スペースが狭い場所では、バックでの車庫入れが一般的。

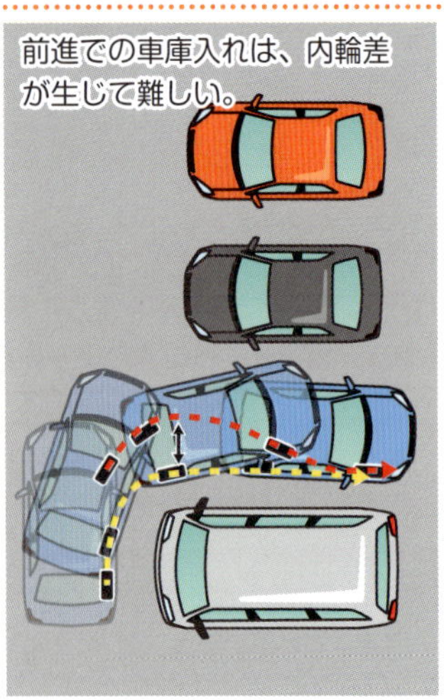

前進での車庫入れは、内輪差が生じて難しい。

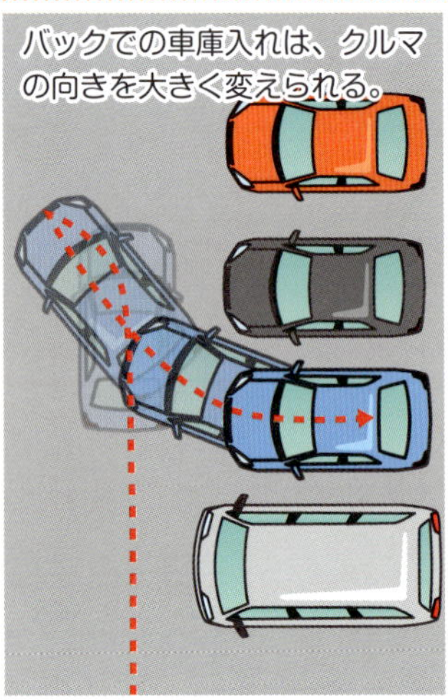

バックでの車庫入れは、クルマの向きを大きく変えられる。

運転術のキホン

車庫入れが苦手な理由と対策

「車庫入れが苦手！」という人は多いもの。そのような人に共通するのが次の理由からです。

1　ゆっくり走ることができない

2　バック（後退）することに慣れていない

3　ハンドルをいっぱいに切れない

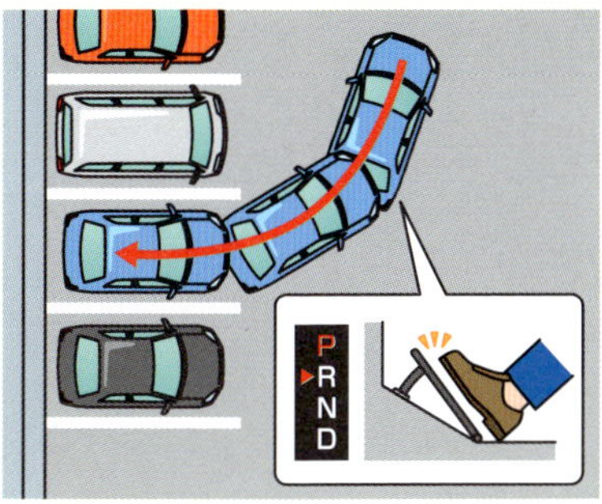

1の対策

クリープだけでバックする。

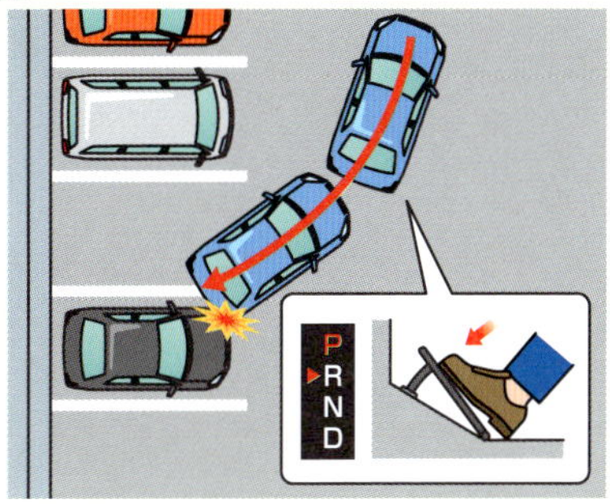

×

アクセルペダルを踏んでバックすると、スピードが出すぎてうまい人でも難しい。

One point ミニ知識

アメリカの駐車スペース

日本ではバックで駐車するのが普通だが、アメリカでは基本的に前向きに止める。駐車スペースが広く通路も広いから、頭から突っ込んでバックで出る。スペースがあれば、日本でもこのようにしてもかまわない。

助手席側のドアミラーを少し下げる

ハンドルを左に切ってバックするときは、まず**クルマの左側の地面を確認**したほうがよい。左側のドアミラーをリヤタイヤが見えるくらいまで下向きにすると見やすくなる。

ギヤをRに入れると自動的にミラーが下を向くクルマもあるが、電動ミラーなら運転席から調整できる。縁石ギリギリに左後ろのタイヤが通るなどというときに使う。

運転席側のドアミラーは運転席で目の位置を上下させると下まで見える。運転席側、助手席側、ルームミラーと、すべてのミラーを順次チェックするとより安全だ。

車庫入れはドアミラーをうまく使おう

バックでの車庫入れの要領をつかむコツは、**自車の後輪の位置を把握すること**だ。

多くのクルマはCピラー（後席の後ろの柱）の下に後輪がある。たとえば道路の左側の車庫に入れるとき、ハンドルを左に切ってバックしていくが、車庫の左角がクルマに近づいてきたらハンドルを戻す。

このときは、左側のドアミラーで自車と車庫の角の距離感をつかむとよい。後輪が車庫の角を過ぎたときにハンドルを左に切ってバックしている限り、角に近づいて壁に接触してしまう心配はない。

切り返しの方法

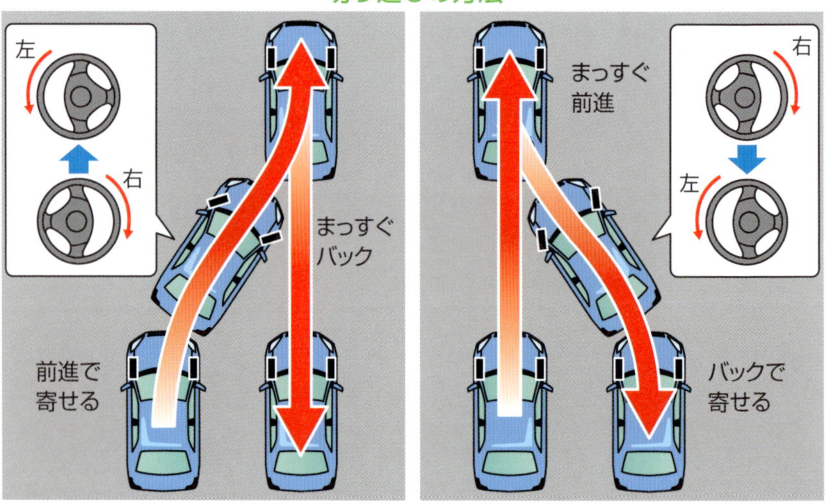

運転術のキホン　左方向へのバックでの車庫入れ

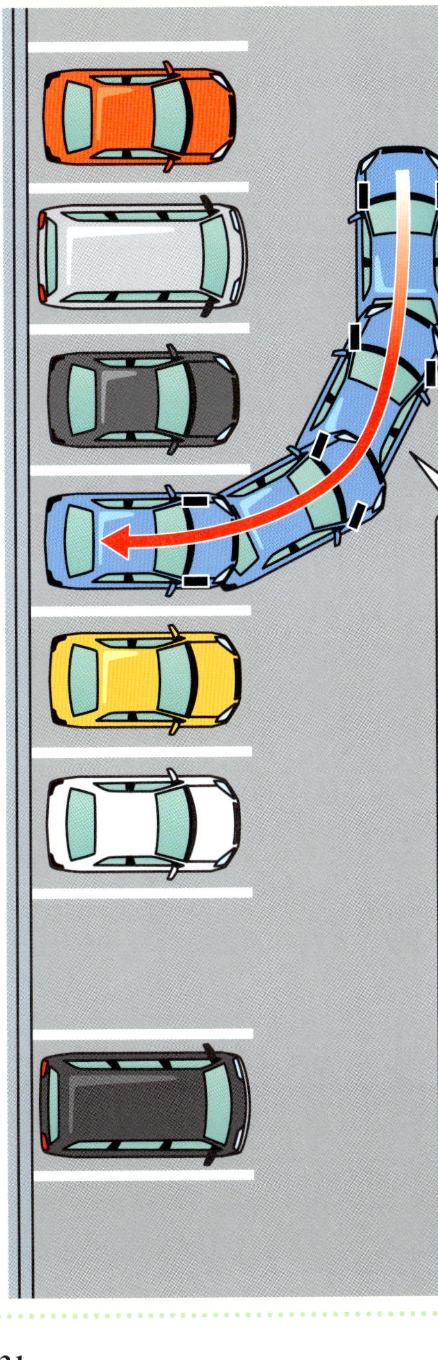

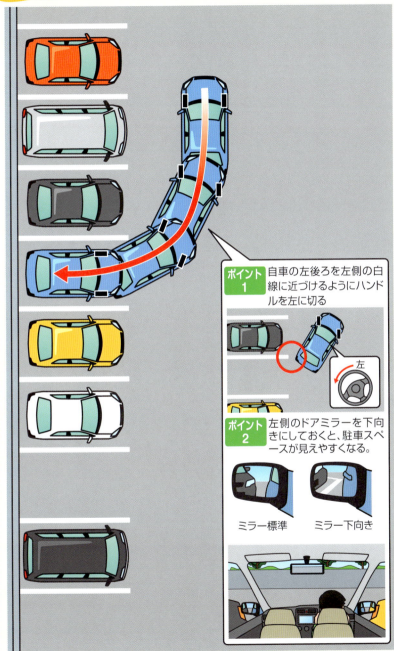

ポイント1 自車の左後ろを左側の白線に近づけるようにハンドルを左に切る

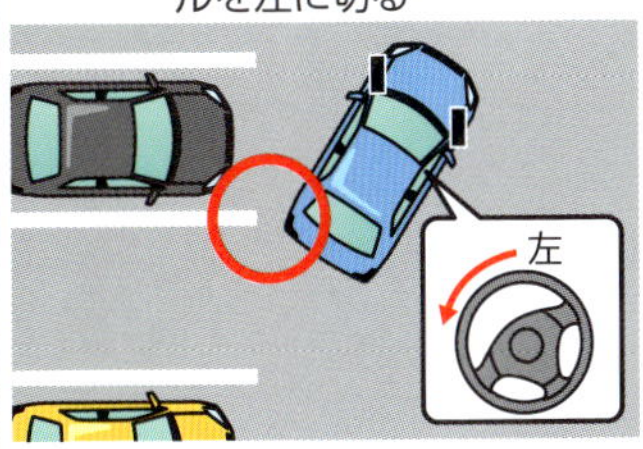

ポイント2 左側のドアミラーを下向きにしておくと、駐車スペースが見えやすくなる。

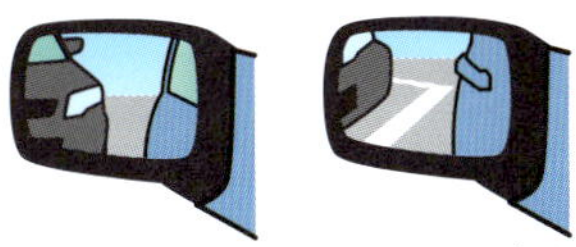

ミラー標準　　ミラー下向き

切り返しの方法を覚えれば車庫入れは怖くない

車庫入れは、切り返しをおそれずにやるほうがうまくいく。一発で入れようと気負わないほうがよい。

ハンドル左切りでの車庫入れで、自車の右後ろが車庫の右側の壁にぶつかりそうになったら、ギリギリになる前にクルマを止め、**ハンドルを右に切りながら前進する**とよい。これでクルマがこれまでより右方向に向くので、車庫の右側の壁には向かっていかなくなる（切り返しはP120を参照）。

車庫に入ってから右側に寄りすぎて降りられない場合は、左にいっぱいハンドルを切りながら前に行き、さらにゆっくりハンドルを戻しながら進む。左に切りながらバックすると降りるだけのスペースを確保できるようになる。

モニター画面やセンサーの反応も知っておく

最近は軽自動車も含めて「**リヤビューモニター**」（→P99を参照）を装備しているクルマが増えた。ダッシュボードのナビの画面やルームミラーに映るクルマの後方の映像を見ることができる。

「**アラウンドビューモニター**」は、クルマを上から見ているような映像をモニター画面に映し出す装置。周囲の状況をふかんで知ることで、駐車などを容易に行うことができるので便利だ。クルマの周囲の目の届きにくいところに障害物があっても気づくことができるので、安全性も高い。

ただし、デジタル映像のため、実際の動きよりワンテンポ遅れて見える点には注意が必要だ。音で知らせてくれるセンサーは、画面があるとさらに頼りになる。

「アラウンドビューモニター」

アラウンドビューモニターは、クルマを真上から見ているような映像によって周囲の状況を知ることで、駐車などを容易に行うことができる最新装置。

運転術のキホン

車庫入れのよくある失敗例とリカバリーの方法

失敗1 右のクルマに近づきすぎ→右切り前進、左切りバック

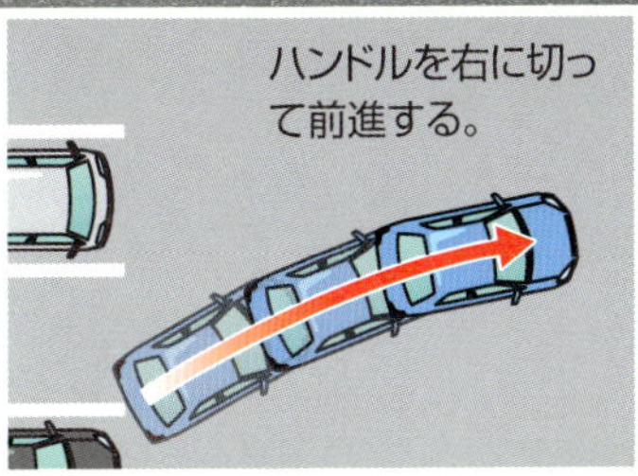

ハンドルを右に切って前進する。

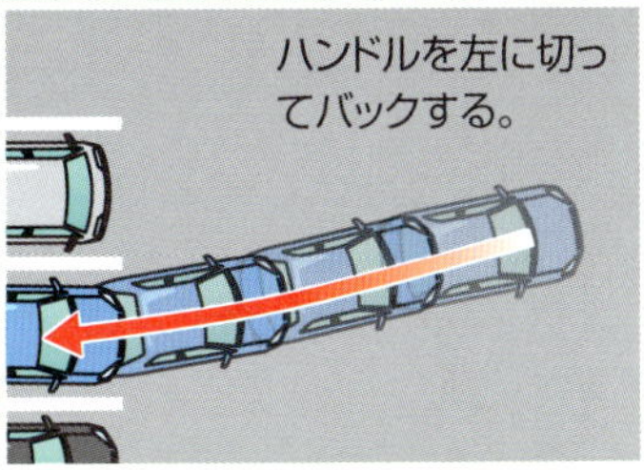

ハンドルを左に切ってバックする。

失敗2 左に寄りすぎ→そのまま前進、タイミングを遅らせて切る

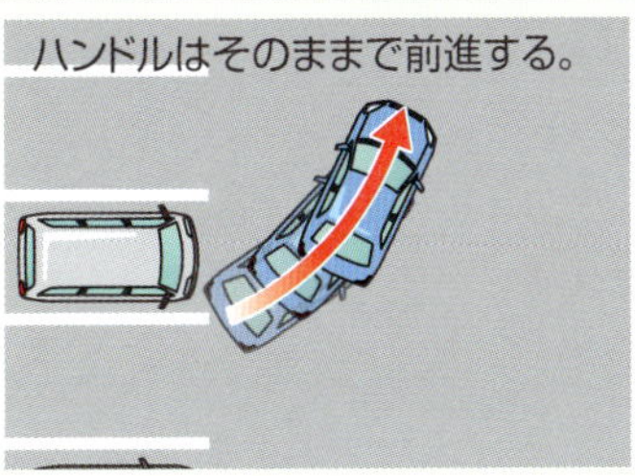

ハンドルはそのままで前進する。

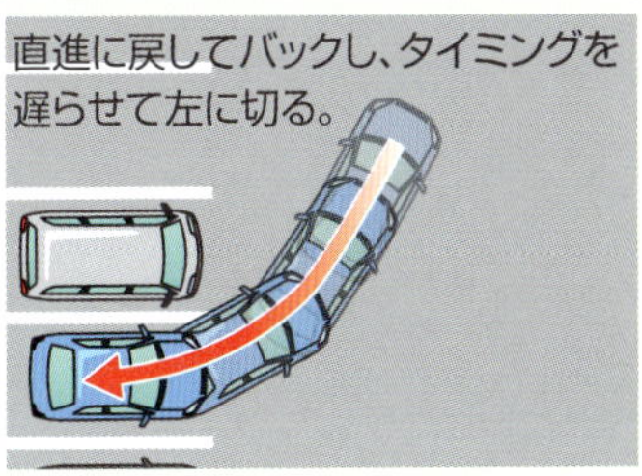

直進に戻してバックし、タイミングを遅らせて左に切る。

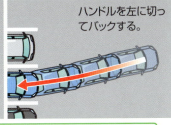

Q 縦列駐車のとき、枠内に収めることができません。

A ハンドルを切る、戻すタイミングを覚える!

乗用車は全長＋2mのスペースなら縦列駐車は可能

縦列駐車は、自分のクルマが止められるスペースを探すことが第一関門だ。左にウインカーをつけ、時速30㎞以下で走りながらスペースを探そう。

白い枠の路上駐車が許可されているスペースなら、前後どちらかに余裕があるので無理なく止められるはずだ。枠がないところに止める場合は、乗用車なら**自車の全長＋2mのスペース**があれば縦列駐車は可能である。

切り返しがうまくできるようになれば、駐車スペースは**自車の全長＋1.5m**でも可能だ。止められるスペースを見つけたらハザードランプを点滅させ、ゆっくり停止する。

駐車しているクルマと並んで平行に止める

縦列駐車の体勢は、駐車できるスペースの前に駐車しているクルマが基点になる。

まずは、駐車している前のクルマの横に1m程度のスペースをあけ、平行に止める。

自車の後輪が、並んだクルマの後端とほぼ同じ場所になるようにするのがコツだ。自車の後輪の位置を把握しておくことも大事なポイントになる。

左切りでバックし、一度直線でバックしてから右切りをする。

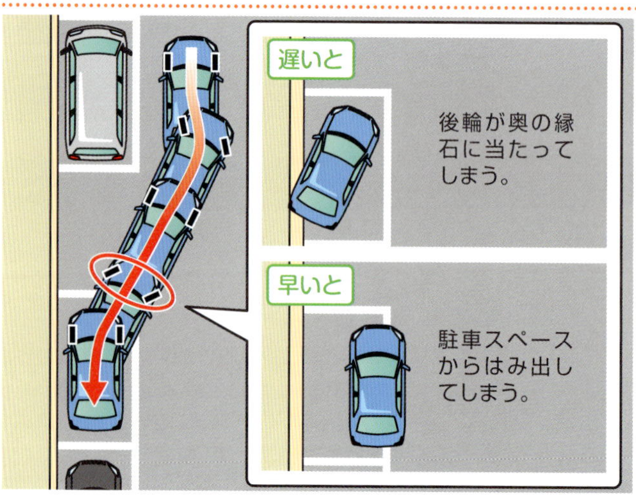

遅いと
後輪が奥の縁石に当たってしまう。
早いと
駐車スペースからはみ出してしまう。

運転術のキホン　縦列駐車が苦手な理由と対策

「縦列駐車が苦手！」という人も多くいます。そのような人に共通するのは車庫入れの場合とほぼ同じ。

1　ゆっくり走ることができない→アリさんブレーキをマスター

2　バック（後退）することに慣れていない

3　ハンドルをいっぱいに切ることができない

4　短時間でハンドルを２方向に切らなければならない

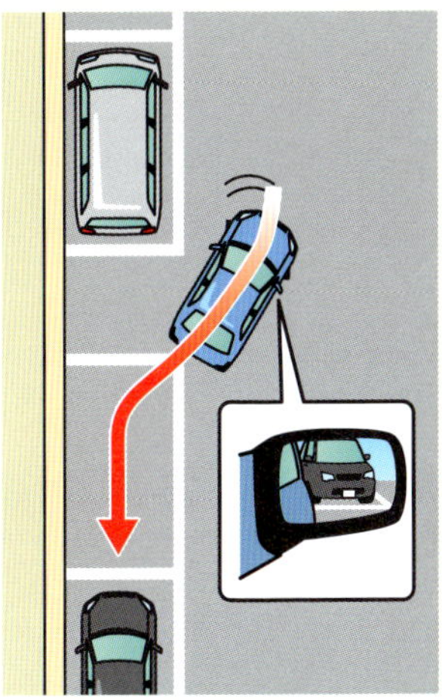

2の対策

後退は慣れるしかないが（ふだんはほとんど前進しているので）、ドアミラーをうまく使うと“ふかん”でクルマの位置を考えられるようになる。

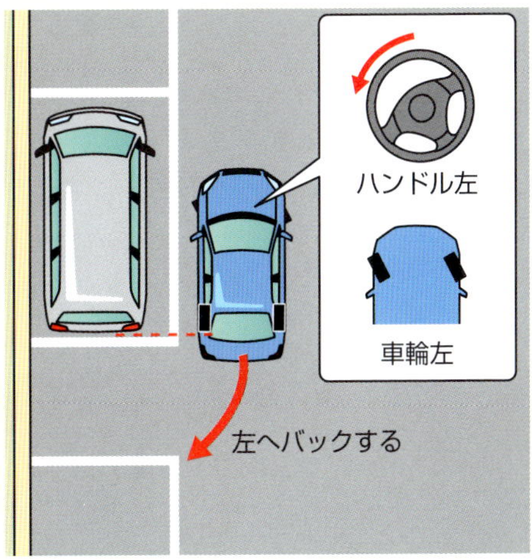

3・4の対策

とくに後退が苦手という人は、ハンドルを切ったらどの方向に動くか理解していない人が多い。後退も前進と同じで、ハンドルを切った方向に進む。つまり、ハンドルを左に切ってバックすればクルマは左方向に進む。これを逆に考えてしまう人は失敗する。

クルマの横に並んだらギヤを「R」に入れ、ハンドルを左いっぱいまで切ってバックする。後ろに駐車しているクルマのフロント部が右ドアミラーで全部見えたら停止し、ハンドルをまっすぐに戻す。そのままバックし、縁石が近づいたら止まる。ハンドルを右いっぱいまで切って再度バックして枠内に止める。

奥につかえても前進できればリカバリーは可能

ハンドルを右に切ってバックしていく最終段階で**奥の縁石につかえたら、止まってハンドルを左いっぱいに切って前進**する。

ハンドルを左いっぱいまで切ったときに、クルマが少しでも進めばクルマの角度を変えることができるので、リカバリーしやすい。

前のクルマにぶつからない範囲で止まり、今度はハンドルを右いっぱいに切ってバックをする。クルマが縁石と平行になったらハンドルを直進状態に戻して後ろのクルマの手前で止まる。前後の距離を合わせるように前進して終了だ。

枠から道路側にはみ出ている状態なら最初からやり直し

縦列駐車での**リカバリーが難しいのは、ハンドルを右に切ってバックしていったときに右の後輪が枠から道路側にはみ出ているケース**だ。

直進距離が短く、右にハンドルを切るタイミングが早かった場合にこの状態に陥りやすい。ここからハンドルを左に切って前進しても後輪の横の移動距離は小さく、何度やってもリカバリーが難しい。

このケースでは、前車の横に並ぶところまで戻るのがいちばんの近道だ。少なくとも直進状態まで戻らないとリカバリーはできない。

ハンドルの切り方によるよくある失敗例

右に切るタイミングが遅い

後輪が奥の縁石に当たり、それ以上進めない。リカバリーが可能な失敗。

右に切るタイミングが早い

スペースから飛び出た状態になる。リカバリーができない失敗。

運転術のキホン

縦列駐車のポイント

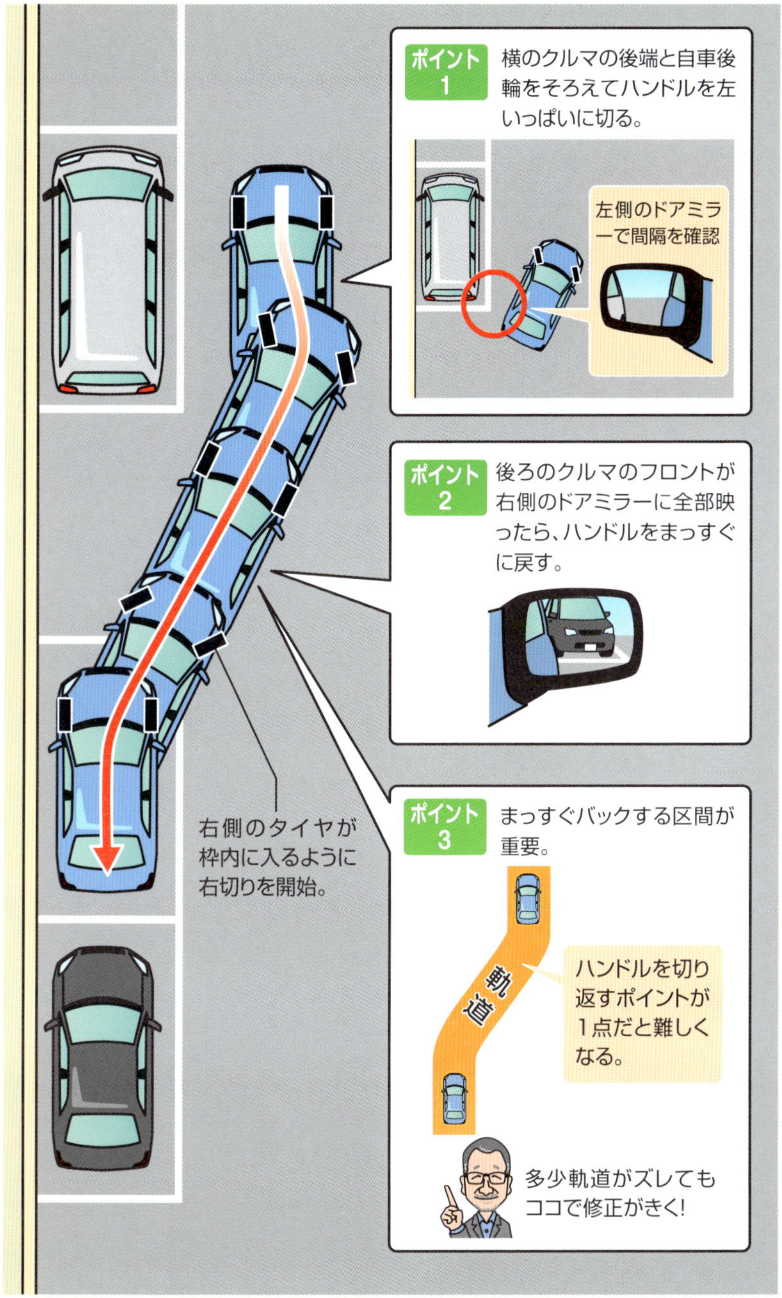

Q 停止するとき、前のクルマとの距離があきすぎてしまいます。

A かけ始めと終わりに「アリさんブレーキ」を使う！

減速を開始する前と同じ車間距離を保ってブレーキングする

市街地でも高速道路でも前車がブレーキを踏んで減速を始めたら、こちらも同じようにスピードダウンする。このとき多くのドライバーは前車に近づいてしまうが、**減速を開始する前と同じ車間距離を保つようにブレーキを踏む**とよい。同乗者に対しても安心感を与えることができるし、後続車に追突されないための防御にもなる。

後続車が迫ってきたらブレーキをゆるめ、あいている前方のスペースに逃げられるので、とくに高速道路では有効だ。

前車と離れすぎず近すぎない位置に止まる

停止時は前車が急に動かなくなってしまったとしても、**バックせずに横に抜けられる距離で止まったほうがよい**。

しかし、あまり大きくスペースをあけてしまうと混雑した市街地走行では渋滞をつくる原因にもなってしまうので注意しよう。

乗用車なら、**前車のバンパーが全部見えるか、後ろのタイヤが見えるギリギリくらいまで近づく**。自車のハンドルをいっぱい切って、どれくらいの距離なら横に抜けられるか試しておくとよい（通常2m以下）。

ハンドルを切ってギリギリ横に抜けられる距離まで近づいて止めるのがよい。

運転術のキホン 減速・停止するときのポイント

スムーズな減速と停止のポイントは、減速し始めと停止する直前。なめらかな曲線になるようにブレーキペダルを操作しましょう。

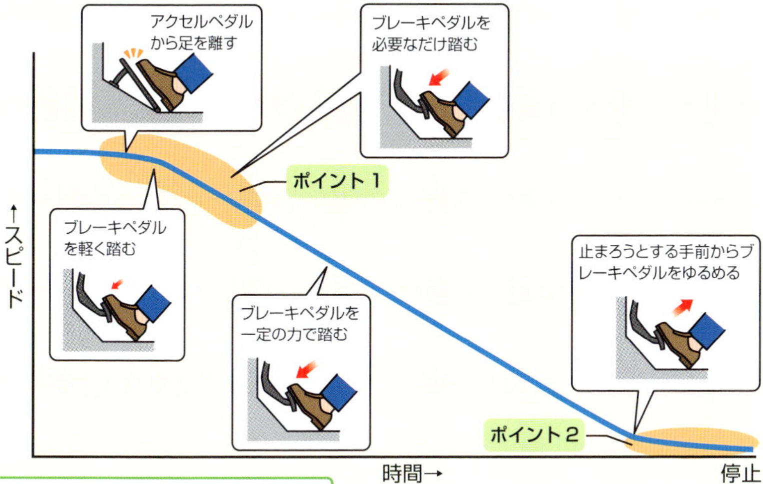

前車に続いて停止するときの目安

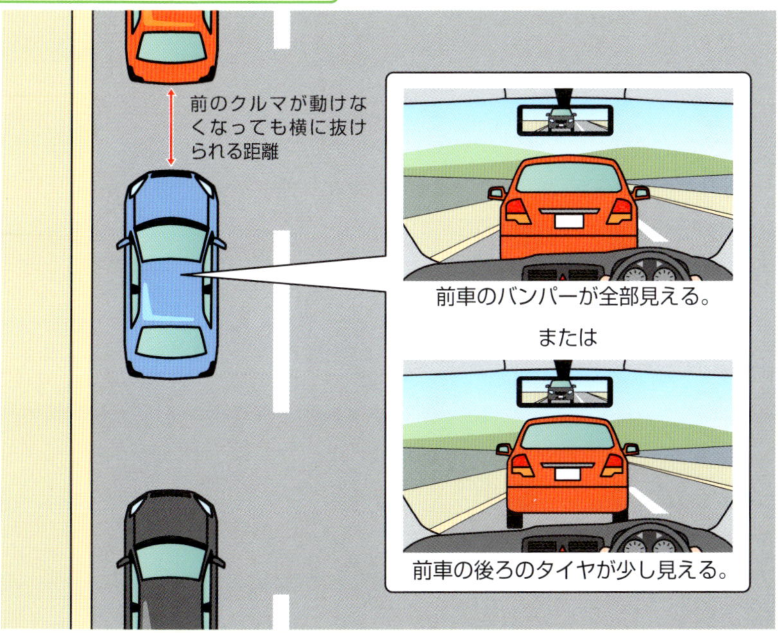

Q コインパーキングのロック板をスムーズに越えられません。

A 段差があるタイプはアクセルを徐々に踏んでいく!

前後4本のタイヤがどこにあるのか把握する

コインパーキングにはいろいろな種類があるが、多いのは**ロック板が跳ね上がるタイプ**。ロック板が下がっていても山状になっているので、ここをタイヤが通過しないと止められない。

ブレーキでクリープを抑えるが、タイヤがこの段差に来てクリープで乗り越えようとしてもさすがに越えられない。そこでアクセルペダルを踏むことになるが、踏みすぎれば飛び出しそうで難しい。**アクセルは、少し踏んだところで待つ感じで徐々に踏んでいくのがポイント**だ。

クルマを寄せにくいゲートではクルマから降りて支払う

出入り口に遮断機が付いたゲート付きコインパーキングもある。駐車スペースを有効に利用するためか、出入りするときにクルマを寄せにくい配置にゲートがある。

そのようなパーキングでは無理をして窓から手を伸ばさずに、**Pレンジに入れてエンジンを止め、シートベルトを外してクルマから降りる**ほうが懸命だ。ブレーキを踏んでいるつもりが、ドアを開けて手を伸ばしたときにブレーキがゆるみ、クルマが走り出して事故になるケースもあるのだ。

徐々に踏み込んで乗り越える。ロック板を越えたらアリさんブレーキでゆっくりバック。

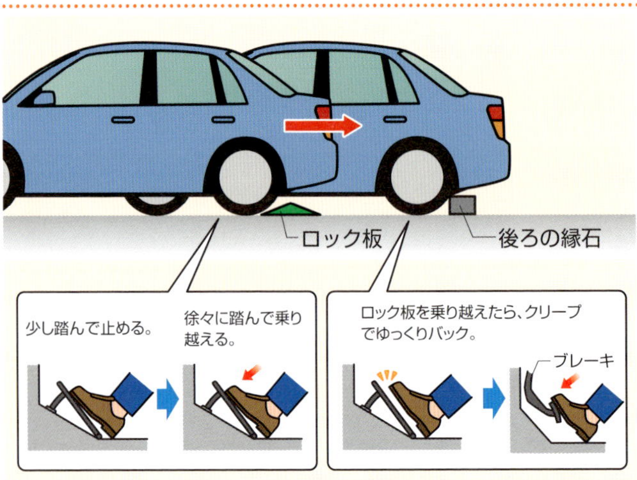
ロック板
後ろの縁石
少し踏んで止める。
徐々に踏んで乗り越える。
ロック板を乗り越えたら、クリープでゆっくりバック。
ブレーキ

運転術のキホン

コインパーキングの利用手順（一例）

ロック板タイプ

入るとき

ロック板を越えて駐車スペースに入る。

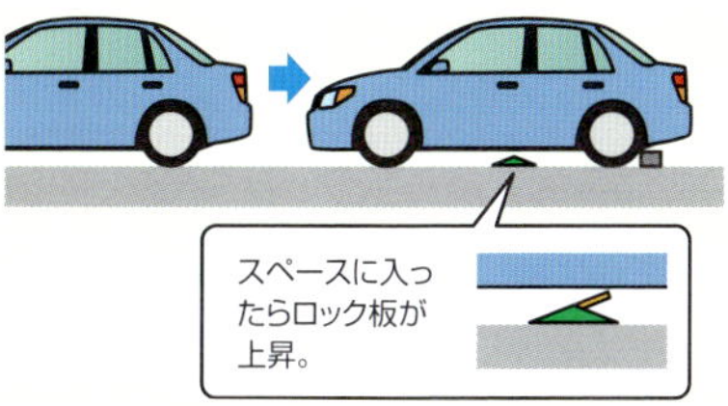

スペースに入ったらロック板が上昇。

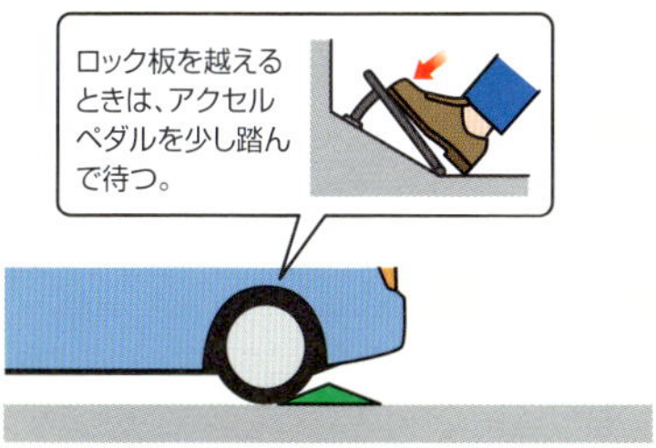

ロック板を越えるときは、アクセルペダルを少し踏んで待つ。

出るとき

精算が済むとロック板が下降するので確認してから出る。

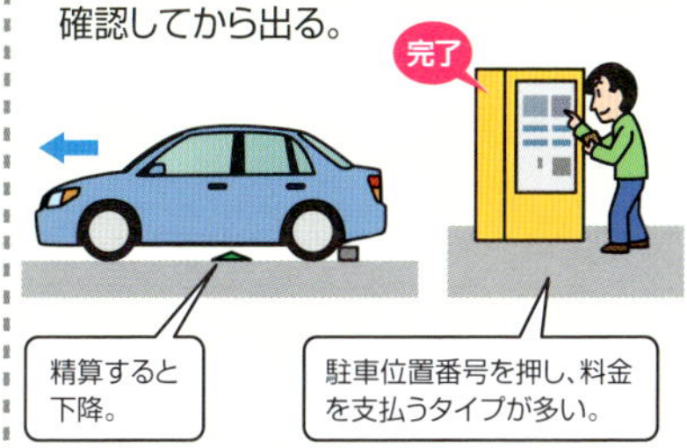

完了
精算すると下降。
駐車位置番号を押し、料金を支払うタイプが多い。

クリープで越えるのは無理。
アクセルペダルを踏みすぎると車止めをオーバー。

入庫するとロック板が跳ね上がり、精算するまで下がらない。

ゲートタイプ

入るとき

駐車券を取り、ゲートが上がったのを確認して入る。

出るとき

なるべく事前精算する。出口では駐車券を精算機に入れて、ゲートが上がったら出る。

発券機とクルマとの距離がある場合は、エンジンを止め、クルマから降りて駐車券を取る、または入れるほうが安全。

Q 広大な駐車場でどこに止めたか忘れます。対策はありますか？

A 周囲の様子と一緒に自車の写真を撮っておく！

空港などの大きな駐車場では自車の写真を撮る

大きな駐車場にクルマを止めた場合、帰りに止めた場所がわからなくなってしまうことがある。順番に駐車する巨大テーマパークなどでは、入場した時間がわかれば係員が教えてくれるが、空港やショッピングモールなどの大きな駐車場ではそうはいかない。

あとで困らないように、携帯電話やスマートフォンのカメラで**駐車位置番号や柱番号なども一緒に写るように写真を撮っておこう。**家族と荷物を持ってウロウロしないための賢い手段である。

駐車場のチケットはクルマには置かずに持って降りるのが原則

チケットを受け取って入場するタイプの駐車場では、そのチケットをどこにしまうかが問題だ。持ち歩いてなくさないようにとクルマの中に置いておくのは間違い。盗難防止のためにも**チケットは持って降りたほうがよい。**チケットに自車のナンバーが読み込まれていて、別のチケットでは出庫できない駐車場もある。

最近は事前精算するタイプの駐車場が増えているので、チケットを持って降りるクセをつけるとよい。ナンバー読み込み式なら自動でゲートが上がる。

止めた場所がわからずにウロウロ…。
これだけは避けたい。

わかりやすい場所を選び、
柱番号をメモしておく。

運転術のキホン 広大な駐車場の上手な利用法

ポイント1 どこに止めたかわからなくならないように写真を撮っておく。

ポイント2 駐車券は車内には置かずに持って降りる。

Q 機械式駐車場は操作が複雑そうで利用をためらってしまいます。

A どんなタイプでも、ゆっくり進んで枠内にクルマを入れること！

機械式立体駐車場は正面のミラーを見ながら進入する

カゴを吊り下げたタイプの機械式立体駐車場に入るときは、**まずタイヤの外側がカゴの枠に接触しないように注意してゆっくり進入**する。両サイドを自分で見るのは難しいので、設置してある正面のミラーを見ながらゆっくり進む。ハンドルは大きく切らないようにし、修正も少しずつ行う。

そろそろ停止の合図が出る頃だと思ったら、超ゆっくりの「**アリさんブレーキ**」(→P40を参照)を使おう。カゴが揺れないように止まれると運転がうまく見える。

ターンテーブルではエンジンをオフにする

機械式立体駐車場から出るとき、ターンテーブルに乗ってクルマの向きを変えるところがあるが、**ターンテーブルの上ではエンジンを止めたほうがよい**。

エコロジー、エコノミー、セーフティの問題もあるが、エンジンをオフにしないと、ターンテーブルの回転がクルマを操作していないのにスピンしていると認知されることがあり、**横滑り防止装置（ESC）があとで誤作動を起こす可能性がある**からだ。数km走れば回復するが、それまでは危険になる。

枠内にゆっくり進んで、あとは指示に従えばよい。

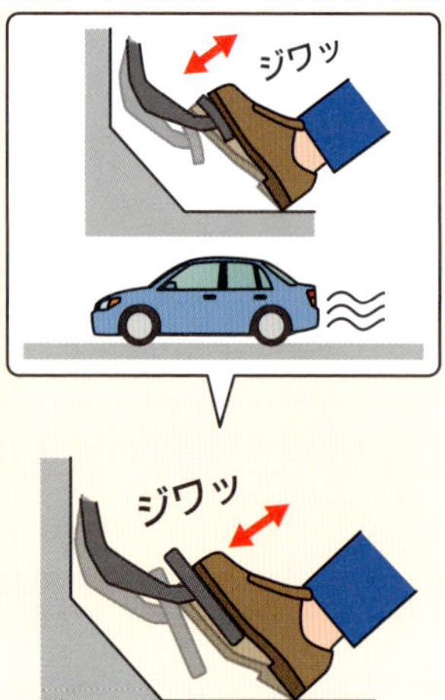

運転術のキホン 機械式立体駐車場の利用手順（一例）

ゴンドラ式の入庫

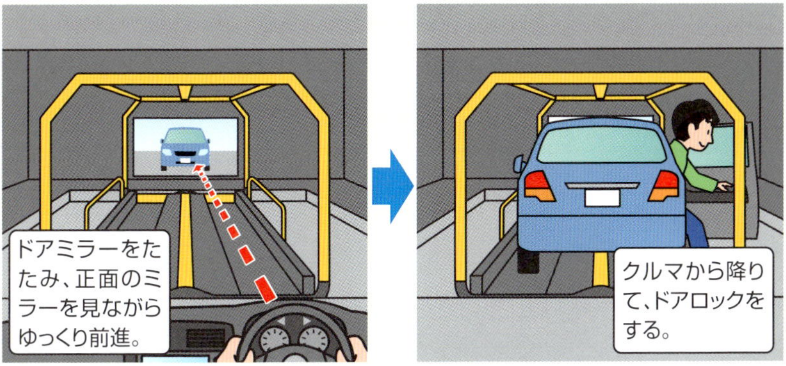

ドアミラーをたたみ、正面のミラーを見ながらゆっくり前進。
クルマから降りて、ドアロックをする。

エレベーター式の入庫

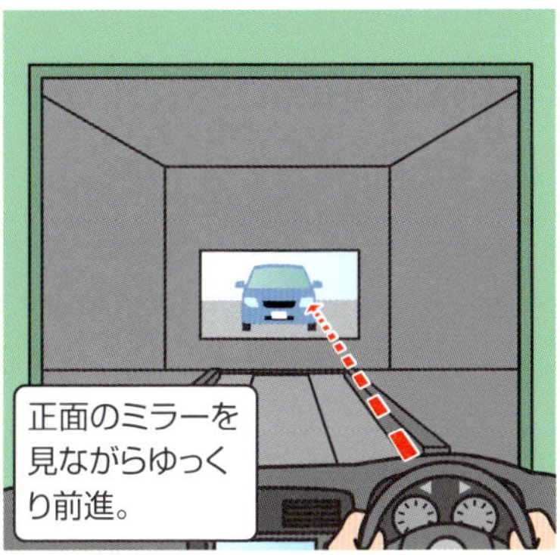

出庫

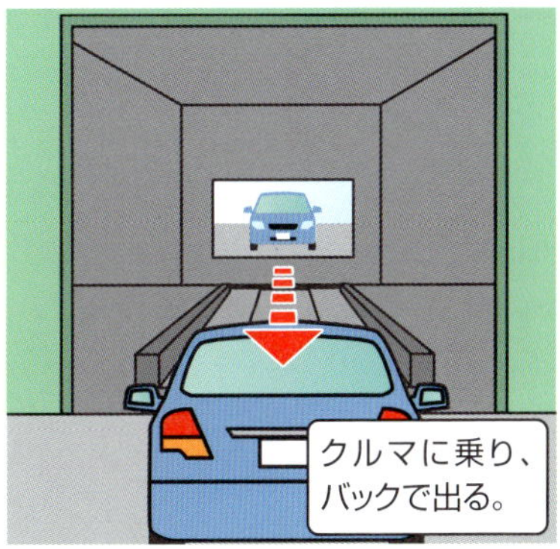

ターンテーブル式の入庫

出庫

Q 有人スタンドで給油したほうがよいのはどんなケースですか？

A 無料のサービスを希望するときは有人スタンドがよい！

スタンドマンに油種・量・支払い方法を告げる

有人スタンドではホースが天井から吊り下がっているタイプが多いので、給油口が左右どちらに付いているかはあまり考えなくても大丈夫だ。**スタッフの誘導に従い、指示された場所に止めればよい。**

スタンドに入るときから窓を開けておくと誘導の声が聞きやすい。「**ハイオク満タン、カードで**」などと告げる。

日本車の場合は、室内から給油口の蓋（ふた）を開ける。欧州車の場合は、ドアがアンロック状態になれば給油可能だ。

有人スタンドでは自分では面倒な作業をスタッフに頼める

有人スタンドはセルフスタンドに比べてガソリン価格が1ℓ当たり数円高い店が多いが、それだけのメリットもある。それは窓拭き、エンジンオイル量のチェック、タイヤ空気圧のチェックなど、**自分では面倒な作業を無料でやってくれることが多い**からだ。50ℓ入れて、セルフより3円高くても150円だけだ。150円でこれだけ作業してくれるサービスがほかにあるだろうか？

サービス希望のときは有人、給油だけでいいときはセルフと使い分ける方法もある。

目的によって有人とセルフを使い分ける方法も。

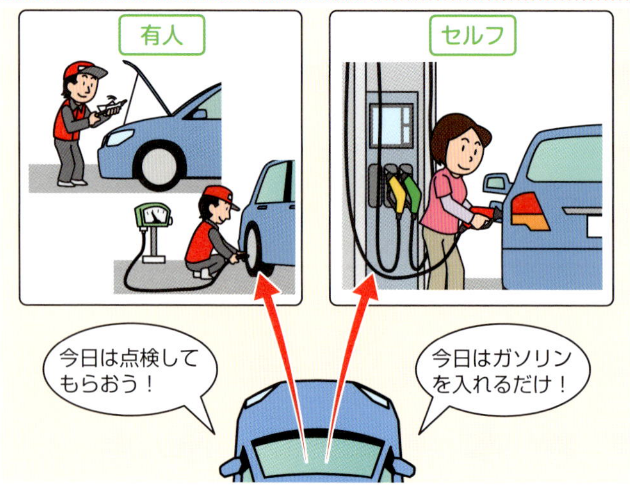

運転術のキホン　有人スタンドの賢い利用法

ホースが吊り下げ式でないガソリンスタンドでは、左右どちらに給油口があるか確認しておくことが大切。
燃料計の◁←左向きが給油口の方向です。

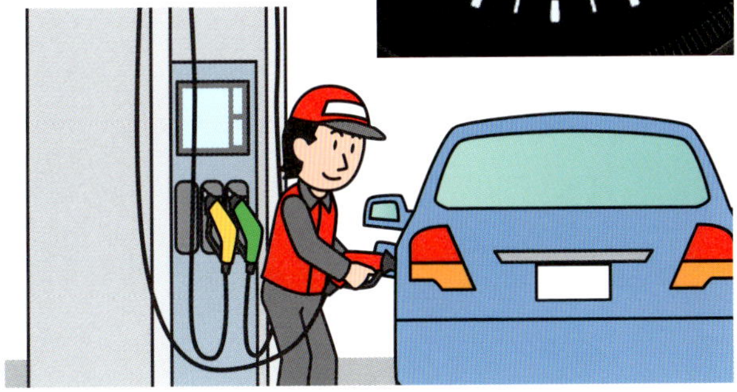

無料のサービス（一例）

窓拭き

ゴミ捨て、灰皿掃除

ボンネット内の点検

タイヤ空気圧のチェック

Q セルフスタンドで給油するのが不安です。手順を教えてください。

A 自分の責任で行うが、機械の指示に従うだけ！

機械の指示に従えば意外と簡単に給油できる

セルフスタンドで給油する場合の手順を解説しよう。最近、有人からセルフに替わるスタンドが増えている。これまでセルフスタンドに行ったことのないドライバーも体験してみるとよい。

まず**自車の給油口がホースの前に来るように止める**。最近のクルマの燃料計には、給油口の左右の位置を示す「▷」マークが付いていてわかりやすい。

エンジンを止め、財布を持ってクルマを降りる。給油機に向かうと機械が反応して指示を出す。たいていの場合は最初に支払い方法を聞いてくる。クレジットカード払いならボタンを押し、ランプが付いた口にカードを挿入する。

満タンになると自動停止するので安心

次に、レギュラー、ハイオク、軽油の**油種を選んでボタンを押す**。給油量は金額かリットルで指定するか、満タンかをボタンで選ぶ。これで準備完了。このあとは実際の給油作業に入る。

機械に取り付けてある黒い静電気除去パッドに手を触れてから、**クルマの給油口のキャップを開ける**。

レギュラーなら赤色、ハイオクな

セルフスタンドでもスタッフはいる。
わからないことは聞いてみよう。

ら黄色、軽油なら緑色（ブランドによって異なる場合もある）の**ガンノズルを持って給油口に深く差し込む**。レバーを引いているときだけ給油し、レバーを放せば止まる。強くレバーを引くと勢いよく出るが、空気抜きがうまくいかないと給油が止まってしまうこともあるので力の加減が必要だ。

カードやおつりの取り忘れに要注意

満タンになると自動停止する。ガンノズルを給油機に戻してから、給油口のキャップを閉め、蓋（ふた）を閉める。クレジットカードならレシートを給油機から取り出して終了だ。

現金で給油した場合、おつりは給油機から出たレシートを持って、自分で精算機で精算するところが多いので、おつりを取り忘れないように注意しよう。

運転術のキホン セルフスタンドでの給油手順

1

❶給油スタンドのある側に給油口がくるようにクルマを止める。

2

❷支払い方法を選択する。

3

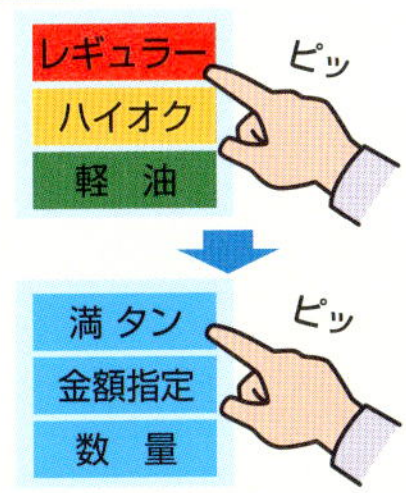

❸給油機でガソリンの種類や量を選ぶ（事前にお金を入れる場合もある）。

4

❹静電気除去パッドに触れてから、給油口のキャップを開ける。

5

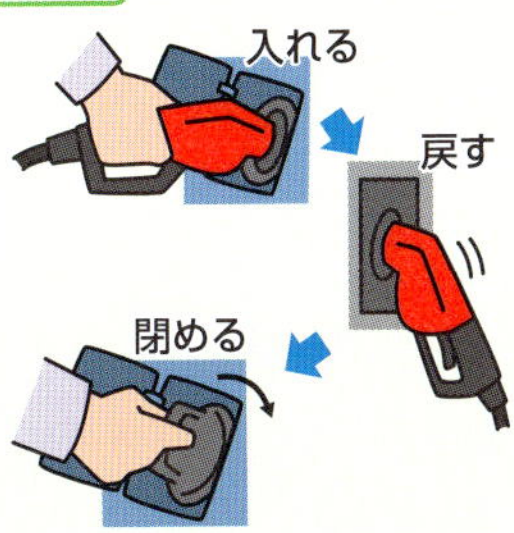

❺ガンノズルを給油口に入れ、レバーを引く。定量になると停止するので、ガンノズルを戻してキャップを閉める。

6

❻精算する。カード払いは給油機からレシートが出るから簡単だ。

コラム モータリゼーション先進国 ドイツに学ぶ4

前方優先道路

日本ではあまりなじみはないが、赤い枠の逆三角形の標識は「前方は優先道路である」ということを意味する。交差点などに設置されるが、こちら側は非優先道路ということで、前方道路のクルマを優先しなくてはならない。しかし、前方道路にクルマがいなければ、こちらは止まらずに走ることができる。

どちらの道が優先かが明確になるので、スムーズに走れる。つまり、その交差点での弱者と強者がはっきりするということだ。ドイツの交差点で4方向が全部一時停止というのは見たことがない。そもそもドイツでは一時停止がほとんどない。

前方優先道路の標識が間違いなくあるのはラウンドアバウトである。枝道から中の環状道路に入るときには、3本の矢印が回っている青い円形の標識とともに赤い枠の逆三角形の標識が立っている。ここでは、環状道路を走るクルマが優先ということになる。右側通行なので左から来るクルマがいなければ止まらずに環状道路に入れる。来た場合には手前でスピードを落とすなどタイミングをずらして入る。続いてクルマが来る場合は、環状道路の手前で停止して待たなくてはならない。

幹線道路と交差する細い道にも、交差点の手前に前方優先道路の標識が設置されている。つまり、幹線道路のクルマ優先。でも来なければ止まらずに交差点に進入できるから走りやすい。日本と違って右側通行なので、まず左側から来るクルマに注意する。

PART 5

［実践編］

高速道路

Q ランプウェイでいつもふらついてしまいます。

A ハンドルで修正するのではなくアクセルコントロールで！

ランプウェイでふらつかないためのアクセルコントロール

高速道路の料金所と本線をつなぐランプウェイは、大きく回り込んでいる場合が多い。ここをうまく運転するコツは、**アクセルコントロール**である。

ランプウェイの内側の白線に沿って走っていて、だんだん外側にクルマが膨らんでいったとき、たいていはハンドルを切り足すようにするが、内側に戻ってきたらまたハンドルを元に戻すことになる。そうしたハンドルの動きはクルマのふらつきにつながるので、アクセルでコントロールしよう。

アクセルだけで走行ラインを変えることは可能

アクセルペダルを少し戻すことによりクルマは減速する。これにより通常状態より前輪にかかる荷重が増える。タイヤは上からかかる荷重が増えると、ある程度まではグリップが増える。

つまり、**ハンドルを切って曲がる前輪の効きがよくなるので、カーブを小さく回ることができる**ようになる。内側の白線に近づいたら、またアクセルを少し踏めばいい。

極端な話、ハンドルをまったく動かさなくても、アクセルだけで走行ラインを変えられるのだ。

ランプウェイでは、ハンドルではなくアクセルでコントロールするのがコツ。

大きく回り込んだランプウェイでは、アクセルコントロールが大切。

運転術のキホン ランプウェイの走り方とポイント

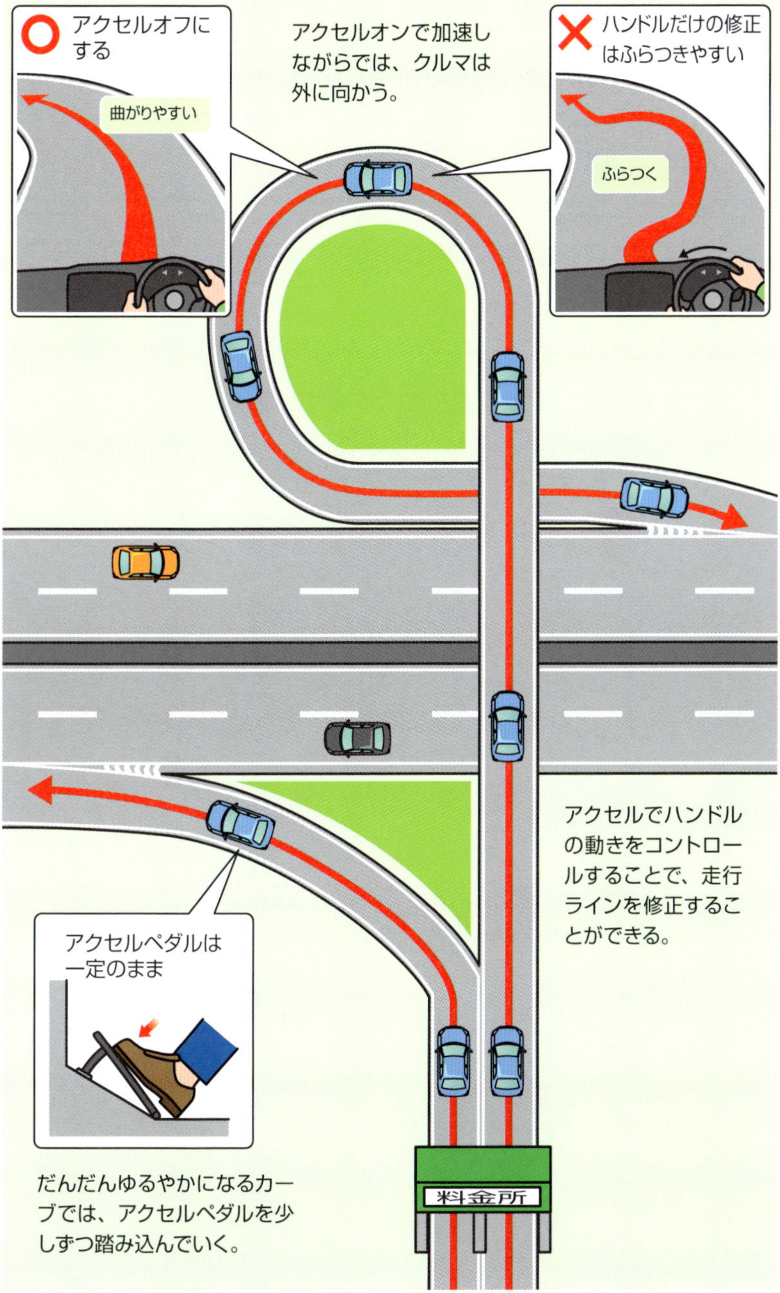

Q 本線車道に合流するとき、十分加速できません。

A 川の流れに乗るつもりで思いきって加速する！

本線を走るクルマの後ろを狙って加速する

本線を走るクルマの中に合流していくのが怖いというビギナーは、たいてい自車のスピードが遅い。流れが速いところに遅いクルマが入ろうとすると流れを乱すことになり、危ない思いをする。

簡単なのは、**本線の流れと同じスピードまで思いきって加速する**ことだ。そして本線を走るクルマの前に入るのではなく、走るクルマの後ろを狙って追従するように入ればよい。ウインカーをつけてゆっくり本線に移れば、本線を走るクルマも調整してくれる。

加速車線を有効に使うためには車間をあける

本線を走るクルマと同じスピードまで上げようと加速車線でアクセルペダルを踏んだとき、先行車がゆっくり走っていると、こちらの意図通りにうまく入れない。

そんなときは、加速車線に入る前の**ランプウェイの段階で車間距離をたっぷり取っておく**ことだ。そうすれば先行車が多少もたついてもこちらのペースで加速ができ、本線への合流もスムーズにできる。

ランプウェイで遅いクルマは、加速車線でも遅いままの可能性があるので要注意だ。

合流する目標を定め、本線を走るクルマと同じスピードまで加速する。

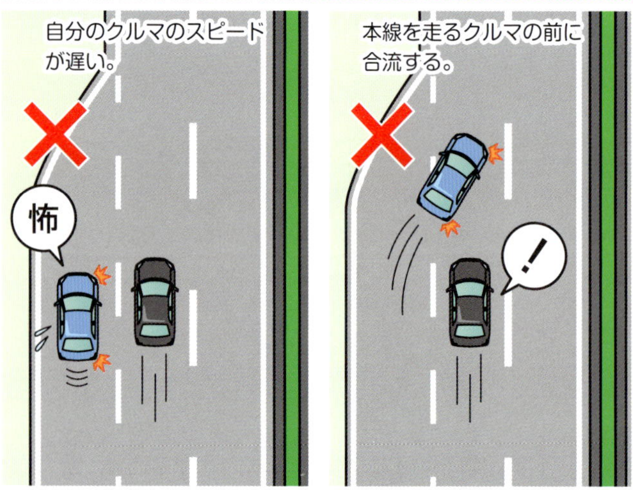

自分のクルマのスピードが遅い。
怖
本線を走るクルマの前に合流する。
!

運転術のキホン

本線車道へのスムーズな進入方法

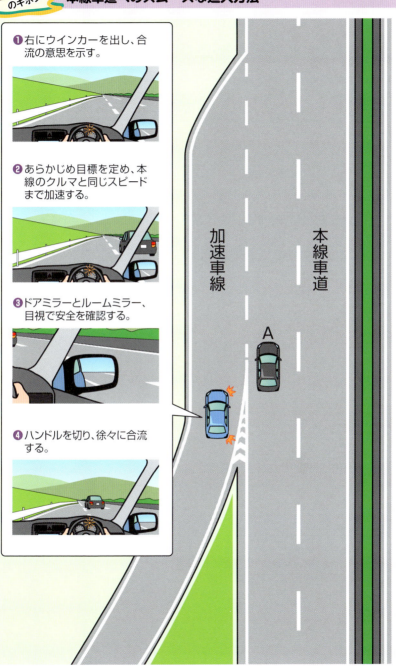

❶右にウインカーを出し、合流の意思を示す。

❷あらかじめ目標を定め、本線のクルマと同じスピードまで加速する。

❸ドアミラーとルームミラー、目視で安全を確認する。

❹ハンドルを切り、徐々に合流する。

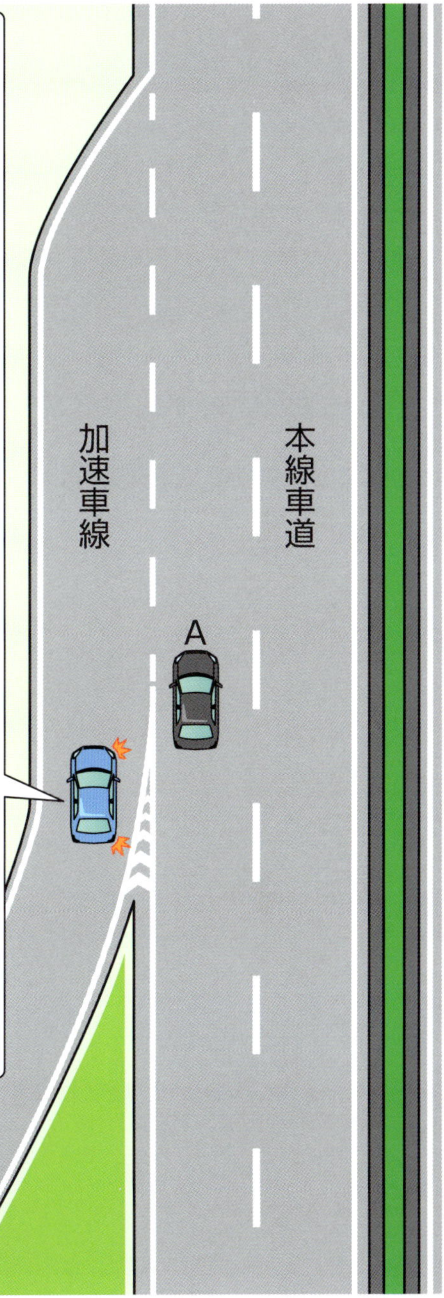

Q 高速道路ではどの車線を走行するのが安全ですか？

A 追い越すとき以外は走行車線を走る！

片側2車線以上の道の右端は追い越し車線

高速道路の本線車道は、走行車線と追い越し車線に分けられる。片側2車線以上の道路では、**右端の車線以外が走行車線**である。

この走行車線と追い越し車線が、日本ではあまり守られていないように思える。

先行車がいないのに追い越し車線を走っているのは、日本を含めほとんどの国では違反になる。

追い越し時以外は走行車線を走るのが正しい

日本での高速道路の法定スピードは時速100kmだから、時速100km以下ならどの車線を走ってもいいだろうという考えはそもそも間違っている。

アメリカのフリーウェイは車線数が多すぎて、この原則が当てはまらないが、その道の法定スピードや制限スピードが時速何kmであれ、**追い越しするとき以外は走行車線を走ることがスムーズな流れをつくる。**

視界が広く確保できる状態で走るのがよい

走行車線を走るときは、前後のクルマを把握して、なるべく安全を確保しておきたい。

とくに前方に大型トラックがいる

基本は左車線を走行するが、
遅いクルマを追い越すときだけ右車線を使う。

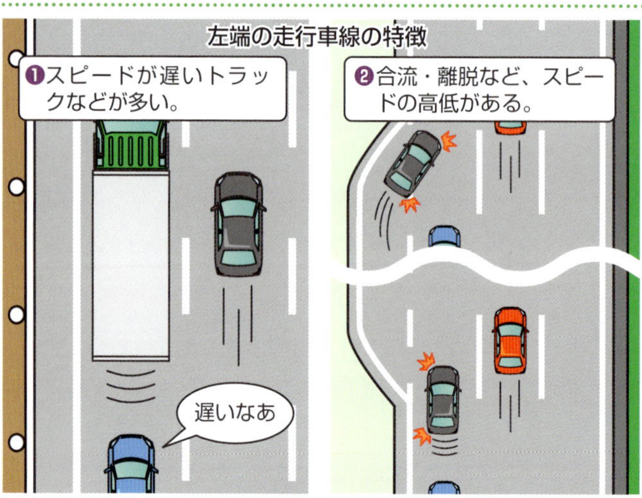

左端の走行車線の特徴
❶スピードが遅いトラックなどが多い。
❷合流・離脱など、スピードの高低がある。
遅いなあ

場合は注意が必要だ。**大型トラックの後ろにつくと前方の視界が妨げられてしまう。**大型車はできれば追い越して、乗用車を探して後ろにつくようにしよう。もしできなければ、車間距離を広くあけて視界を広げるようにするとよい。

また、自車の後ろに続くクルマが接近しすぎているように感じたら、追突される危険性を遠ざけるため、車線変更して前に行かせてあげたほうがよい。とくに迫ってくる大型車には注意しよう。

追い越し車線でも走行車線でも、**車線の中央を選んで走るのがよい**だろう。落下物などがあったときにどちらにでも逃げられるからだ。

自分が車線の中央を走っているかどうかは、左右のドアミラーで確かめるとよい。**運転席と助手席の間が車線の中央に来るように意識する**と合わせやすいはずだ。

運転術のキホン 走行車線の安全な運転法

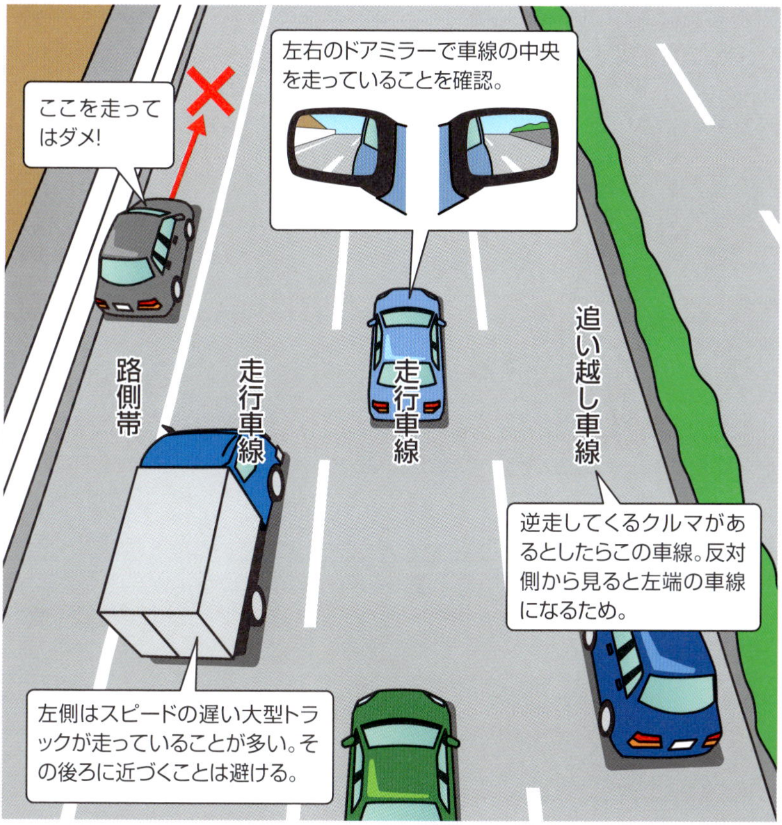

ここを走ってはダメ!
左右のドアミラーで車線の中央を走っていることを確認。
路側帯
走行車線
走行車線
追い越し車線
逆走してくるクルマがあるとしたらこの車線。反対側から見ると左端の車線になるため。
左側はスピードの遅い大型トラックが走っていることが多い。その後ろに近づくことは避ける。

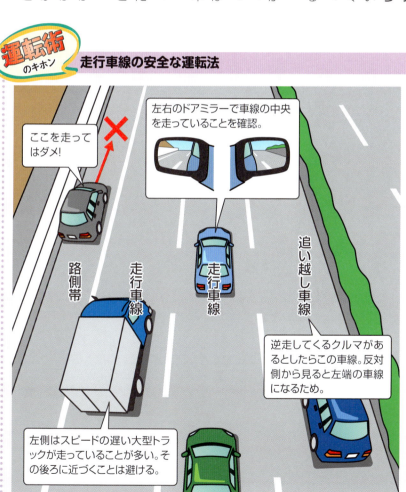

Q 適切な車間距離はどれくらいですか？

A 「車間時間2秒」が世界共通の車間距離！

流れを乱さず安全性も確保できる車間距離は？

前車との車間距離は時速100㎞では100m、80㎞では80mというように、日本の教習所では「メートル」で測るように教わる。しかし、米国、ドイツ、イギリスなどでは、車間距離を「秒」で測るように指導されている。それが、**「車間時間2秒」**である。

たとえば、前車が橋の下を通ったらカウントを始め、2秒経って自車がその場所に到達すれば車間時間は2秒というわけだ。これは、市街地の時速50㎞でも高速道路の時速100㎞でも同じである。

1秒で判断して、残り1秒で減速または回避する

人は、目で見て、どうするか判断して、手足を動かすということをくり返して運転している。

車間時間2秒間の考え方は、**はじめの1秒は、見て判断する反応時間**に使う。**あとの1秒は、ブレーキを踏んだりハンドルを切ったりする操作**に使う。

通常の運転では反応までに平均1秒かかるといわれているが、これは正しく運転しているときのものだ。脇見や居眠りしてしまったら、当然反応までの時間は延びて危険が迫ってくる。

1秒で判断し、1秒で操作する。
これが「車間時間2秒」の考え方。

「車間時間2秒」の測り方と操作

交通量が多い道路で、どのクルマも車間時間2秒で走ると渋滞は減ります（単位時間内に通過できるクルマの台数が増えるため）。車間が狭いほうがもちろんよいのですが、安全性とのバランスを考えると、車間時間2秒がベストになります。

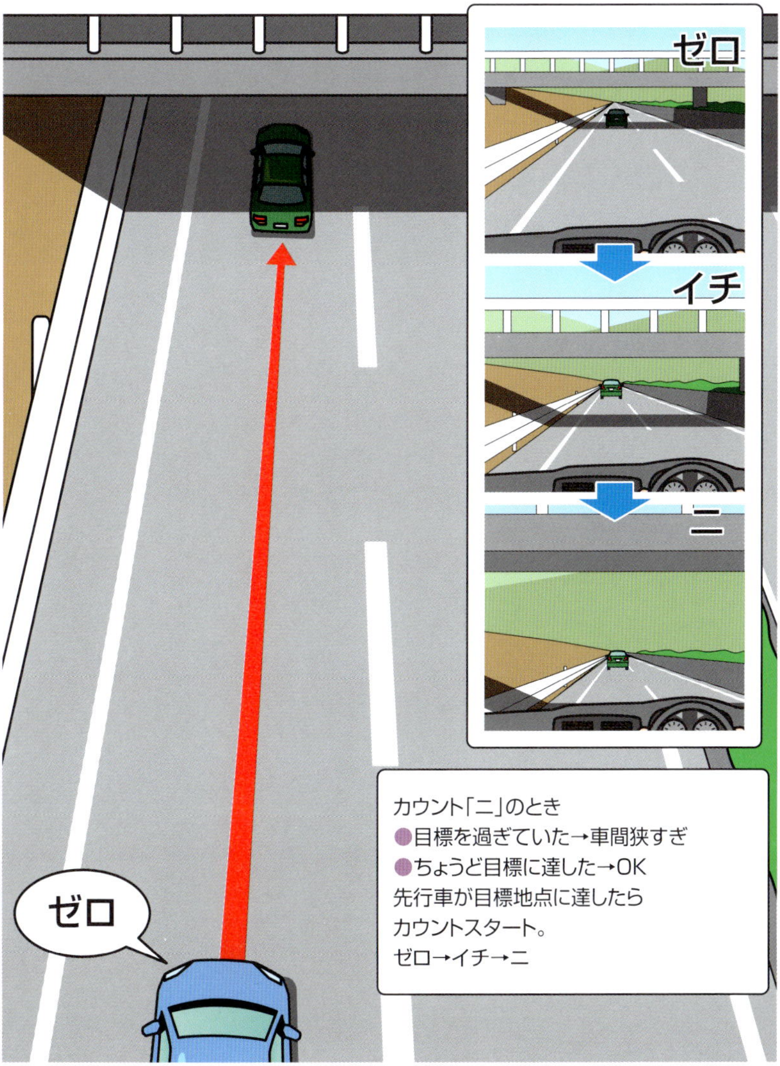

ゼロ
イチ
二
ゼロ
カウント「二」のとき
●目標を過ぎていた→車間狭すぎ
●ちょうど目標に達した→OK
先行車が目標地点に達したら
カウントスタート。
ゼロ→イチ→二

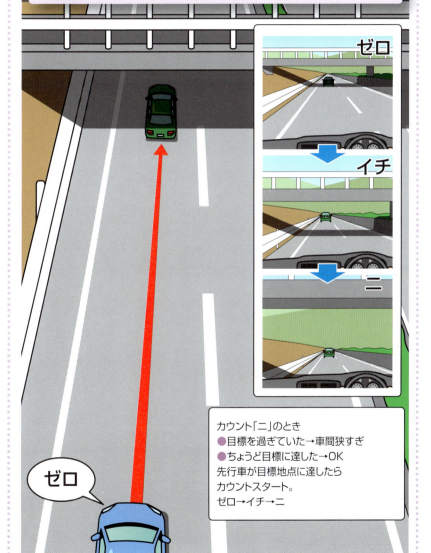

Q 高速道路を走るのが怖いのですが、何か対策はありますか？

A 前は5秒先を見てルームミラーやドアミラーも頻繁にチェック！

スピードが上がるぶん、目線も上げて遠くを見よう

高速道路が怖いと感じるビギナーは、**視点が近いまま走っている**可能性が高い。時速50㎞のときと同じ場所を見て走っていると、景色が次々と近づいてくるために怖くなる。

市街地走行の2倍のスピードで走る高速道路では、2倍遠くを見る。**5秒先を見るつもりで目線を上にしよう。**

これは高速走行に限らず、どんなスピードでも共通だ。5秒先を見て走っていると、すぐ前の先行車のブレーキランプがつく前に減速を始めることもできる。

運転中はどこか1点を凝視しないこと

前から歩いてくる美人に目を奪われていると、すぐ後ろから来た奥さんに気がつかず……というように、どこか1点を凝視するとすぐそばで起こっているほかのことが目に入らなくなる。運転中は、どちらかというと**ボーッと全体を見る**ように心がけよう。

慣れてくると、前方5秒先を中心に見ていても、**ルームミラーやドアミラーに映る後続車の動きまで自然と目が行くようになる**はず。最初は、前方もバックミラーも意識して頻繁にチェックするとよい。

5秒以上先を見て、1点を注視せずに全体をボーッと見るのがよい。

高速道路での視点

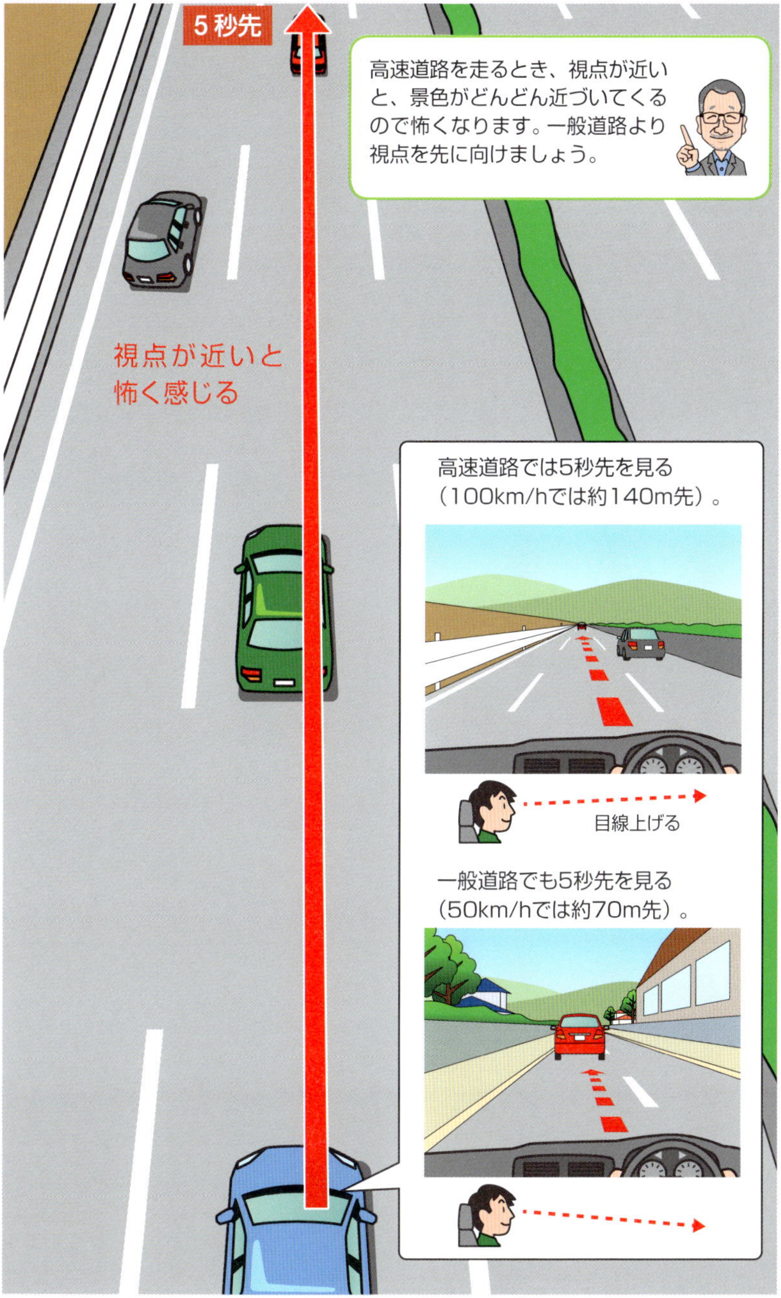
5秒先
高速道路を走るとき、視点が近いと、景色がどんどん近づいてくるので怖くなります。一般道路より視点を先に向けましょう。
視点が近いと怖く感じる
高速道路では5秒先を見る（100km/hでは約140m先）。
目線上げる
一般道路でも5秒先を見る（50km/hでは約70m先）。

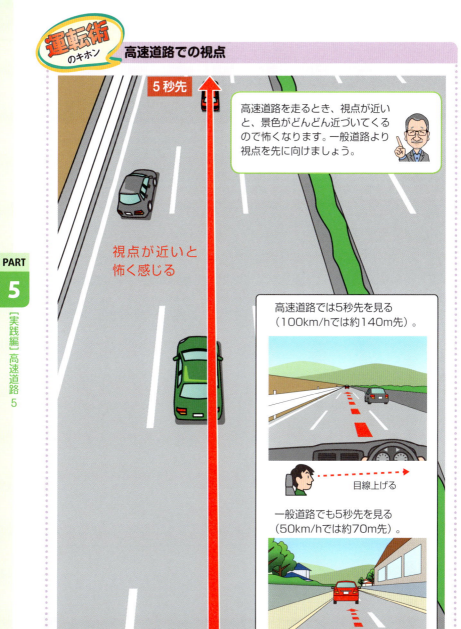

Q スムーズに車線変更するコツを教えてください。

A ウインカーは早めに出し、ゆっくりと移動する!

日本人はウインカーを出すのが遅い傾向がある

ウインカーを出して車線変更しようとすると、移る車線の後ろからアクセルを踏んで前に詰めてくるドライバーが多いせいか、**日本人はウインカーを出すのが遅い**ような気がする。遅いどころか、まったく出さない、またはハンドルを切ってから申し訳程度にウインカーをつけるドライバーも少なくない。

これは地域によって程度の差はあるが、自動車文化度の低さを感じる。ウインカーを出したときに前に詰めてくるような行為は、絶対にやめてもらいたい。

ゆっくり移動する車線変更ならだれにでもできる

車線変更しようと思ったら、まずウインカーを出す。周囲のクルマがどこにいるかはすでにルームミラーやドアミラーで確認しているはずだが、**もう一度ミラーと必要に応じて目視して安全確認**する。

そこからゆっくりと横に移動していく。このときのハンドルはクイッと動かすのではなく、**ジワッと動かすか動かさないかくらいの操作がよい**。ミラーで確認したつもりでも、死角にクルマがいた場合、速い動きで移るとぶつかる危険性が高まるからだ。

ウインカーを早めに出し、車線変更の意思表示を。

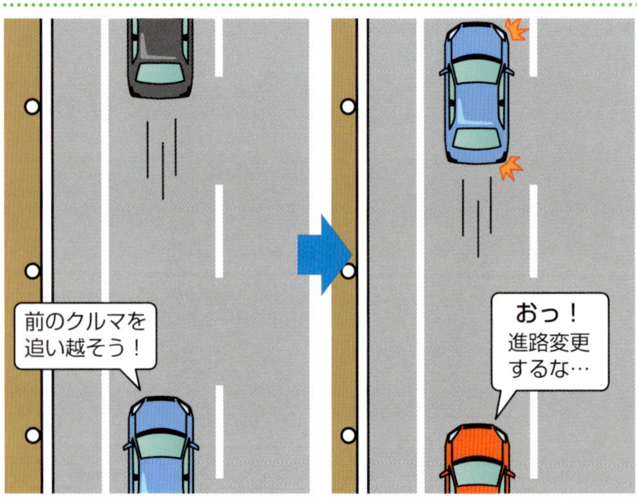

前のクルマを追い越そう!
おっ!
進路変更するな…

運転術のキホン　正しい車線変更の目安

車線変更の手順は一般道路とほぼ同じ(→P75を参照)。高速道路での車線変更で大切なのは後ろのクルマとの距離。ルームミラーとドアミラーで車線変更が可能かどうかを判断しよう。

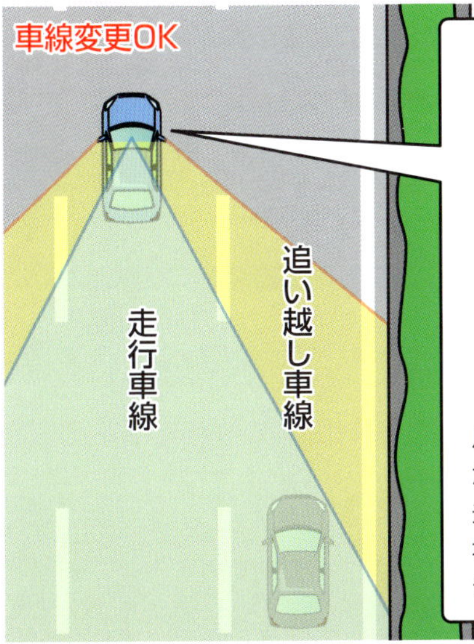

ルームミラーに右車線を走るクルマが映っていれば車線変更しても大丈夫。追い越し車線から走行車線に移る場合も同じ。2度見て、近づく速さもチェックする。

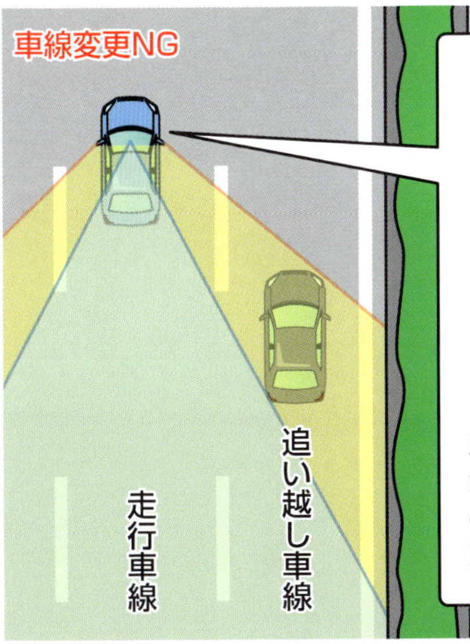

ルームミラーに右車線を走るクルマが映っていない場合は、車線変更するのは危険。右のドアミラーでは、かなり接近しているように映る。

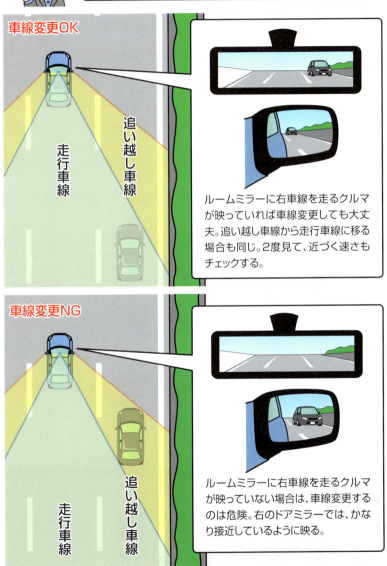

Q トンネル内を走るのが怖いのですが、どんな理由が考えられますか？

A 流れる壁を見ると怖くなる。視線を先に向けよう！

ヘッドライトは入る前につけ出てから消す

トンネルの中では、**ヘッドライトが重要な役目**を果たす。これは自分が先を見るためだけでなく、後続車や対向車に対し自車がそこにいることを示すためだ。

しかし、トンネルの中に入ってからライトをつけ、出る前に消すドライバーが多い。暗いトンネルの中では、ライトが消えているクルマは対向車から見えにくいので、中にいるうちに消してしまうのは非常に危険だ。自車を目立たせるために、トンネルでは**ヘッドライトをつけ、ロービーム**にしよう。

高速道路のトンネルは急なスピードダウンに注意する

時速100㎞に近いスピードで走行中にトンネルに入ると急にスピード感が増し、ついアクセルをゆるめてしまうドライバーが多い。1台のスピードが落ちると後続車に影響し、交通量の多い高速道路では渋滞の原因になる。

スピード感が増してしまうのは側壁が近いことと、トンネル内の照明が明るいため、壁が流れていくのが見えてしまうからだ。これを防ぐためには**壁を見ない**ようにして、**自分が走る車線のなるべく遠くを見る**とよい。

トンネルに入ると同じスピードでも速く感じるが、急にスピードを落とすのは危険。

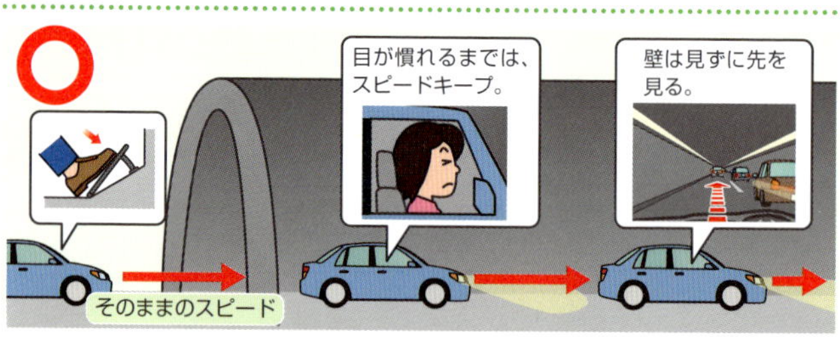

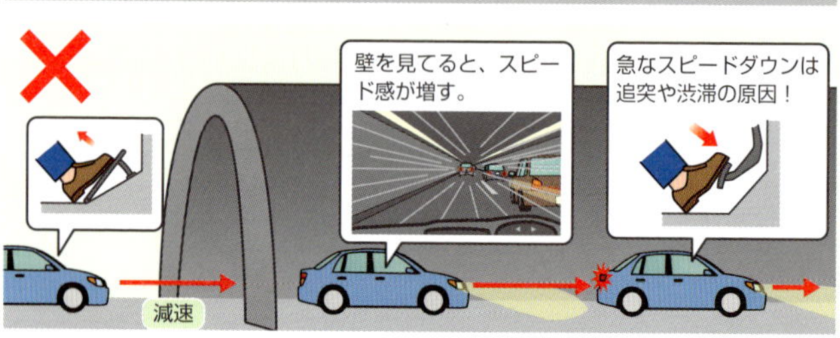

運転術のキホン　トンネルを安全に走行するポイント

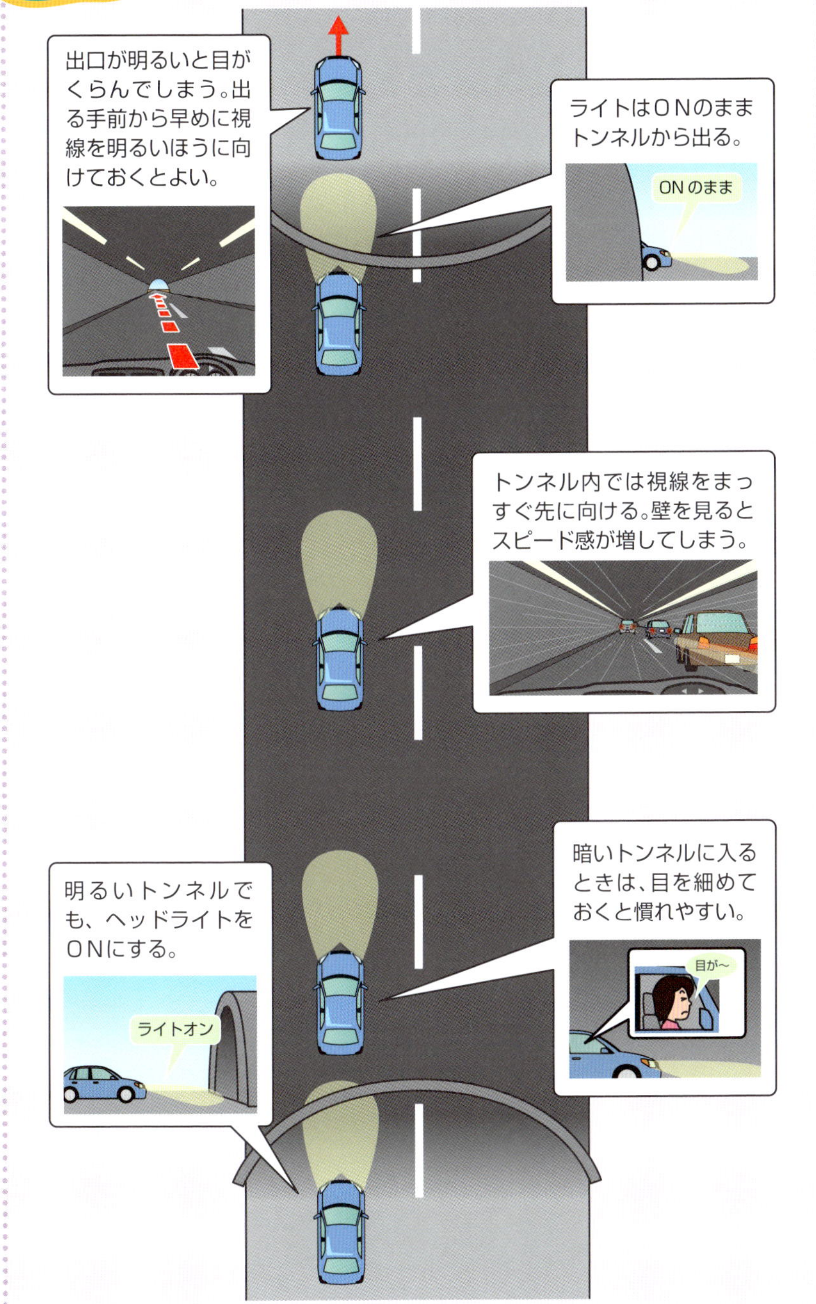

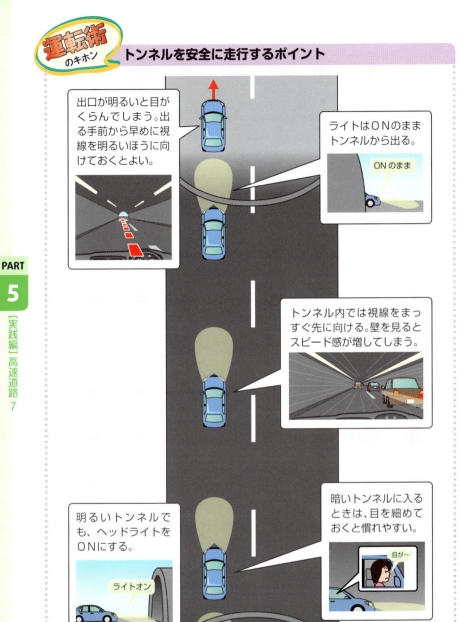

Q ノロノロ運転のときは何に注意すればよいですか？

A 追突に注意し、よそ見をしないこと！

後続車が3台続くのが見えたら最後尾につく

渋滞でいちばん危ないのは最後尾のクルマだ。最後尾にならないためには、**前方で渋滞が始まったら早めにスピードを落としていく**こと。後続車に追突されない程度に最初は強めのブレーキをかけ、あとからゆるやかにする。

大きくスピードダウンすると前方にスペースがある状態になるので、もし後続車が追突してきそうになっても前に進んで逃げることができる。後続車が3台つながったら最後尾につこう。これで自分のクルマは最後尾にはならない。

長い渋滞では半自動運転が便利で疲れない

「**アダプティブ・クルーズ・コントロール（ACC）**」という機能が普及してきた。アクセルとブレーキをレーダーやカメラを使って制御するもので、設定したスピードの範囲内で先行車との車間距離を適切に保ちながら走ってくれるものだ。

ハンドルはドライバーが操作する半自動で、停止するまで制御できるため、渋滞のノロノロ運転にも対応できるものもある。

完全停止からの再発進は、ドライバーの意思を操作で示す必要があるが、便利で疲れない機能だ。

前のクルマの動きに注意し、追突に気をつける。
「ACC」機能があれば利用しよう。

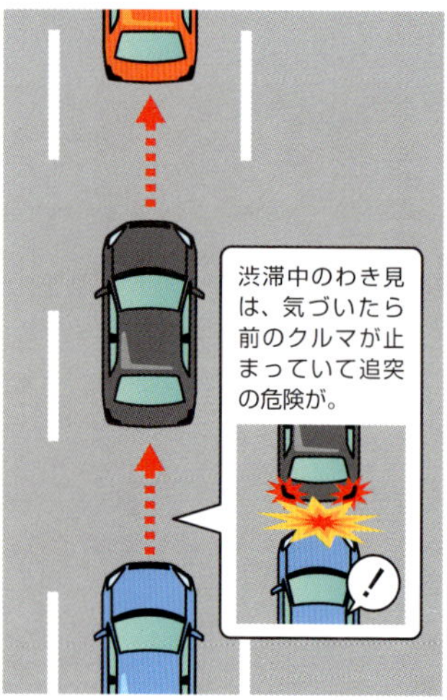

渋滞中のわき見は、気づいたら前のクルマが止まっていて追突の危険が。

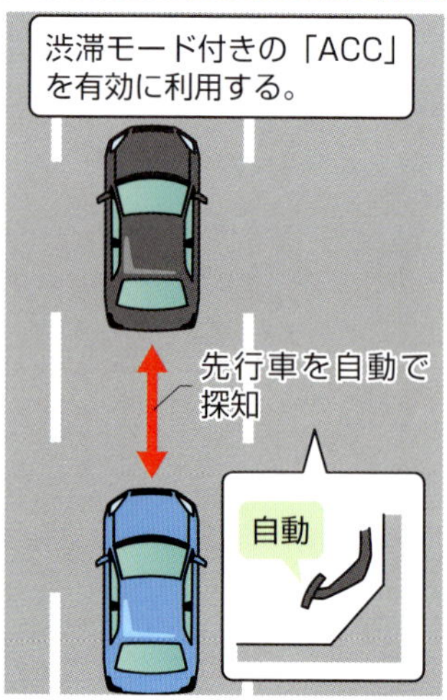

渋滞モード付きの「ACC」を有効に利用する。
先行車を自動で探知
自動

運転術のキホン　渋滞に対応した走り方

渋滞の最後尾は、追突される可能性が高くなります。だから、前方が渋滞していることに気づいたときは、そのまま進んで最後尾につくのは避けましょう。そのテクニックを公開します！

渋滞のときに最後尾にならない方法

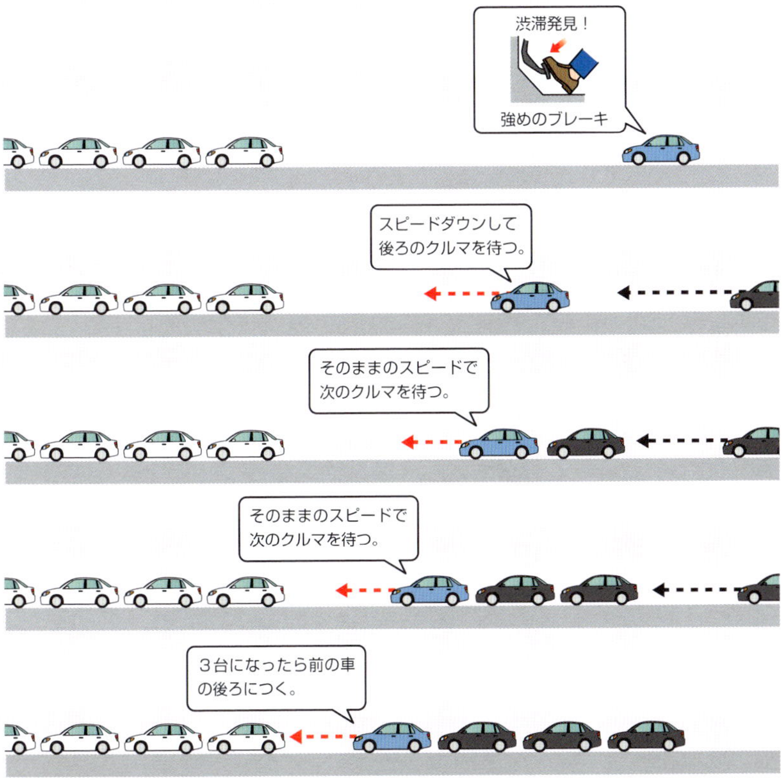

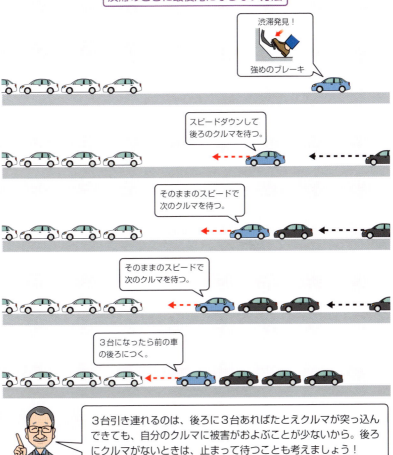

3台引き連れるのは、後ろに3台あればたとえクルマが突っ込んできても、自分のクルマに被害がおよぶことが少ないから。後ろにクルマがないときは、止まって待つことも考えましょう！

Q ＥＴＣゲートを通過するとき、注意することはありますか？

A 前のクルマが急に止まっても対応できるスピードで！

ブレーキペダルの上に足を乗せて進入する

ＥＴＣゲートを通過するときに先行車がいる場合は、注意しなくてはならないことがある。それは、**先行車が通過するときにバーが開かずに急に止まってしまうことを想定しておく**ことだ。たとえ自分は止まれても、後続車から追突される危険性が高まる。

後続車から追突されるのを防ぐには、先行車との距離をあけ、ブレーキペダルに足を乗せて**ブレーキランプがついている状態でゲートに進入**しよう。後続車が近寄りにくくなる効果もある。

ゲート内にある路側表示器をチェックする

正常に通過できるときは、路側表示器に料金が表示されたり、通行可能と表示されたりする。「**ストップ／停止**」という表示が出たらバーは開かないので、すぐに止まらなくてはならないが、もしルームミラーを見て後続車が突っ込んで来るようなら、バーに接触してでも前に逃げたほうがよい。バーは発泡スチロールでできていて、クルマが損傷することはまずないからだ。

先行車に対する表示もチェックして、料金が出たら止まることはないだろう。

ＥＴＣゲートでも安心はできない。
バーが開かないことも考えておこう。

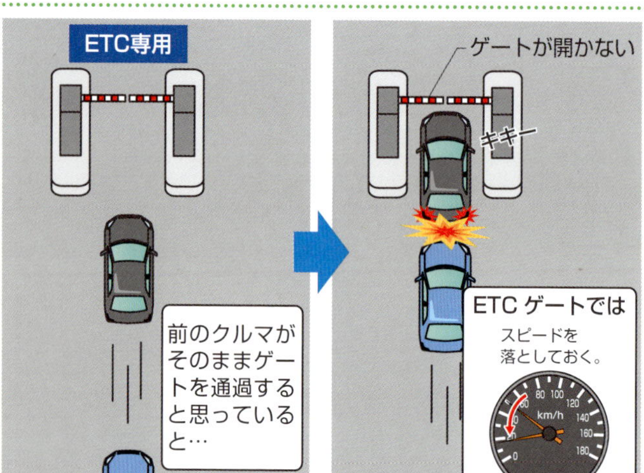

ETC専用
前のクルマがそのままゲートを通過すると思っていると…
ゲートが開かない
キキー
ETC ゲートでは
スピードを落としておく。
km/h

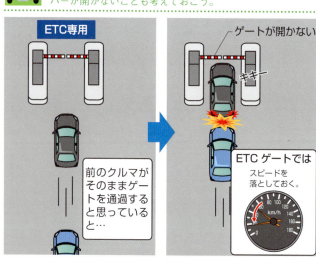

運転術のキホン ゲート通過の注意点

高速道路の入口・出口には次の3タイプがあります。

一　般　　ETC／一般　　ETC専用

通行できるレーンを覚えておきましょう。

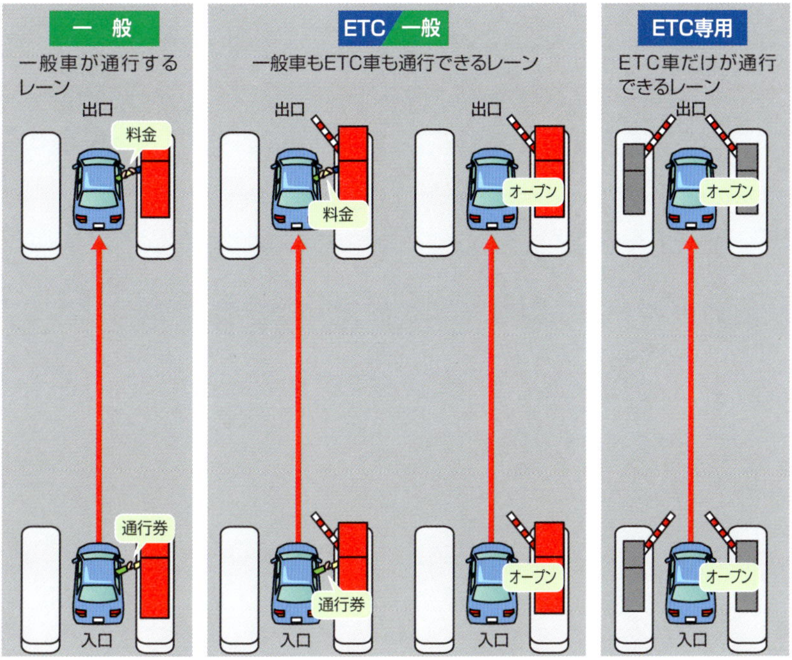

前のクルマがゲートで止まったとき

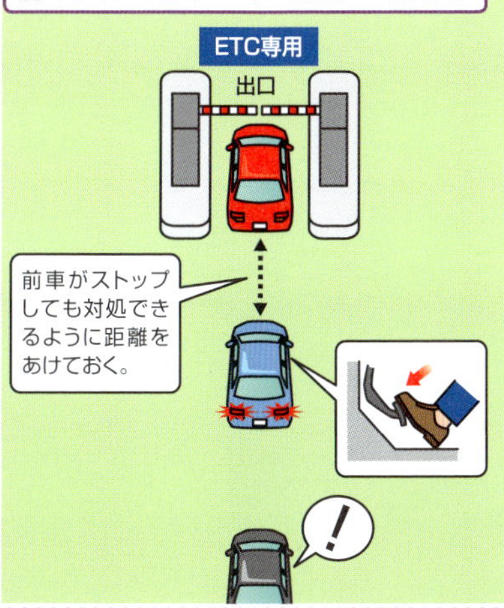

ゲートが開かないとき

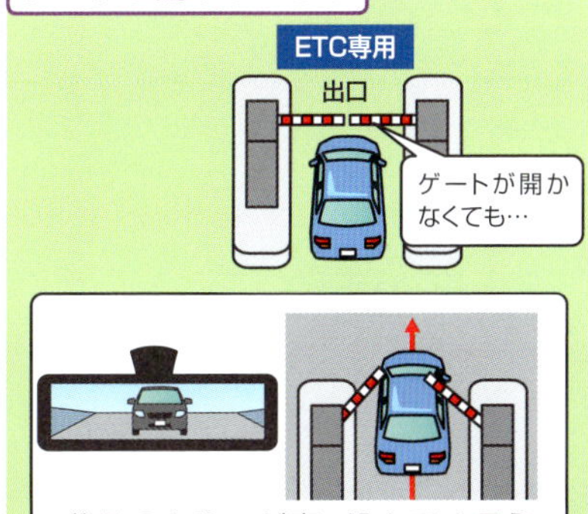

後ろのクルマが突っ込んできそうなら、バーを押して前に逃げる（追突されるよりマシ）。

Q 高速道路の運転に疲れたときのリフレッシュ法はありますか？

A ロングドライブでは2時間ごとに休憩を！

疲れや眠気を自覚する前に休憩をとっておく

自分ではまだまだ走れると思っていても、同じ姿勢で運転していると、血液の循環が悪くなり、いわゆる**エコノミー症候群になる可能性もある**といわれている。

2時間を目安として10～15分ほど休憩し、体を動かしてから出発することをおすすめする。

高速道路にあるサービスエリア（SA）や小規模のパーキングエリア（PA）は、そのために設置されている。一般道では、最近多くなった**道の駅を利用する**のもよいだろう。どちらも駐車場は無料だ。

仮眠は15分。起きたら軽く体操してから運転再開

ロングドライブでは眠くなることがある。眠いのを我慢して走ると、居眠り運転によりノーブレーキで突っ込んで重大事故になるケースが多い。そうならないように、思いきって駐車場などで仮眠をとってもらいたい。**仮眠は15分が最適**。それ以上の睡眠は本格的な眠りに入ってしまうからだ。15分の仮眠後は意外とすっきりと目が覚める。

そのあとは**十分に体を動かしてから運転を再開**しよう。体が起きていないのに運転すると、仮眠後に事故になることも多い。

仮眠をとるなら15分が最適。
仮眠後は意外とすっきりと目が覚める。

見晴らしのよい景色を見るだけでもリフレッシュ効果が期待できる。

運転術のキホン　運転疲れを癒すクイックリフレッシュ法

大きく伸び

体回し

柔軟体操で軽く体全体をほぐす

首回し

アキレス腱伸ばし

眠気覚ましにおすすめなのが…

効き目には個人差がありますが、コーヒーなどに含まれるカフェインは約30分後から覚せい作用が働きます。15分間の仮眠の前に飲み、30分後に出発すれば眠気が覚めて運転できます。せんべいは、かむことと"バリン"という音や振動が脳を刺激します。

Q 高速道路に入る前はどんなことをチェックすればよいですか？

A タイヤの状態、各種液量などをチェック！

タイヤの空気圧チェックは最重要ポイント

今のタイヤは一般道と高速道路で空気圧を変える必要がなくなっているので、いつもチェックしていれば問題ないが、タイヤの空気は意外と抜けてしまうので、ロングドライブに出かける前には念のためチェックしておいたほうがよい。タイヤに関しては、空気抜け以外にも、**溝の深さ、傷、製造年などをチェック**しておきたい（→P194〜197を参照）。

エンジンオイルの量、ウインドウウォッシャーの量、バッテリー液の量、そして燃料残量もチェックしておこう。

窓ガラスは外側だけでなく内側もきれいに

ウインドシールドと呼ばれる前面の窓ガラスは、クルマが新しいときでも内側が汚れていることがよくある。汚れていると日差しによっては前が見にくくなったり、雨が降るとガラスの内側が曇りやすくなったりする。ロングドライブでは、とくに目が疲れる。クリアな視界で運転できれば、目の疲労も少なくなる。

出発前に**窓ガラスの外側と内側の両方をきれいにしておき、クリアな視界を確保**しよう。水を含んだ布で拭いたあと、乾いた布で拭き取るときれいになる。

ロングドライブの前に、タイヤやエンジンオイル、バッテリー液の量などをチェックしておこう。

エンジンオイルの量は、オイルレベルゲージをチェック（→P199参照）。

高速道路に入る前のおもなチェック項目

ボンネット内の点検

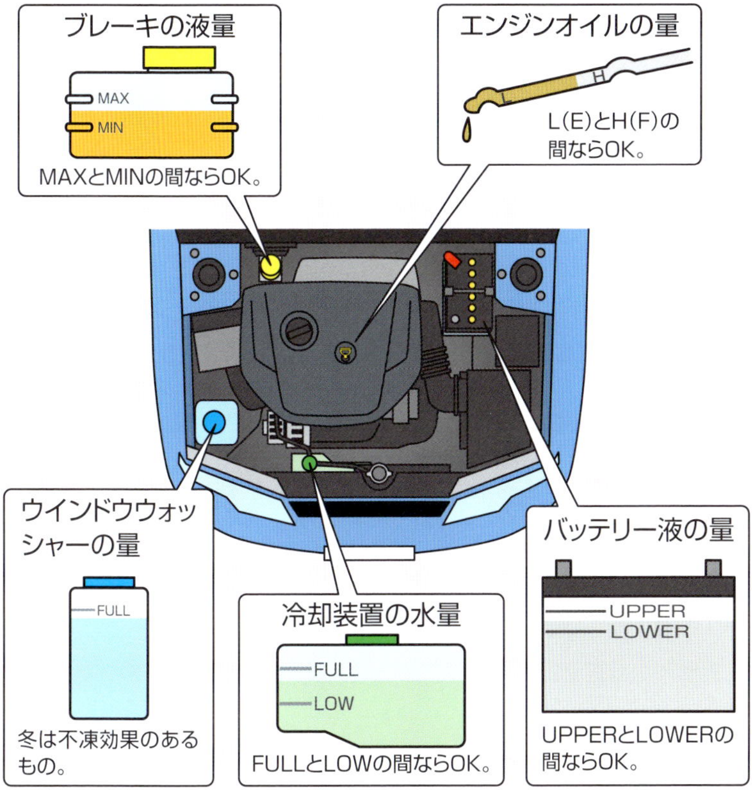

燃料残量の確認

高速道路は燃費がよいですが、スピードが速いぶん時間当たり減りは早くなります。燃料切れには十分注意し、途中で燃料が少なくなってきたら、早めにサービスエリア(SA)で給油しましょう。なお、パーキングエリア(PA)では一部を除き、給油・給電ができません。あらかじめ確認しておくことが大切です。

コラム

モータリゼーション先進国 ドイツに学ぶ５

給油方法

ドイツの給油所は、ほとんどがセルフサービスになっている。Super（レギュラー）、SuperPlus（ハイオク）、Diesel（軽油）の３種類が基本で、自分のクルマに合わせて給油する。この３種類のほかに「E10」という１０％Bioのガソリンや「プレミアム軽油」を用意している給油所もある。

給油ガンを持ち上げると自動的にポンプが作動する。クルマの給油口のキャップを開けて給油するが、給油ガンのグリップの爪を動かせば握っていなくても給油できる。満タンになると自動で止まるから、そこで終了にする。

料金は、クルマを給油場所に止めたまま店内のレジで精算する。未払いのままクルマを動かすと窃盗と間違われる可能性があるから、後ろにクルマが待っていてもそのまま精算に行くのが原則だ。店内に向かうときは給油ポンプのナンバーを覚えておくことと、クルマのキーは持ち、ロックしていくことも大切だ。

店内はコンビニのような機能があり、本やドリンク、カー用品、スナックなどもある。アウトバーンの給油所でもアルコールの入ったビールを売っているところがドイツらしい。

ウインドウウォッシャーの補給やタイヤの空気圧チェックは、給油所内の別の場所で行う。

PART 6

［実践編］

トラブル

Q 下り坂でフットブレーキを使いすぎるのはよくないと聞いたのですが。

A 山道の長い下り坂でブレーキを酷使すると「フェード現象」が起こる！

ブレーキパッドとローターとの摩擦力が低下する

「フェード現象」は、ブレーキパッドに熱が蓄えられ温度が高くなりすぎたときに起こる。ブレーキパッドの温度が高すぎるとガスが発生し、パッドとローターとの摩擦力を低下させてしまう。その結果、ブレーキの効きが悪くなる。

フェード現象は徐々に起こり、ブレーキペダルの踏力の変化で気づくことが多い。**ブレーキペダルを強く踏まないとブレーキが効かなくなったら要注意**だ。このような状態で減速したい場合は、ブレーキペダルを強く踏み込むしかない。

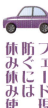

フェード現象を防ぐには休み休み使う

フェード現象は、長い下り坂などでブレーキを酷使することで起こるので、ブレーキを休み休み使うことで防ぐことができる。ブレーキペダルを踏んでいないときは空気中に熱が放出されるので、**連続してブレーキを使わないようにすることが大事**になる。

フェード現象が起きても、走りながらブレーキを冷やすことができれば回復する可能性はあるが、急坂を下っている場合などは、その場で1時間ほど止まって自然に冷えるのを待つしかない。

ブレーキを休み休み使うことでフェード現象は回避できる。

山道などの長い下り坂でブレーキを使いすぎると、フェード現象の危険が。

運転術のキホン フェード現象の原因

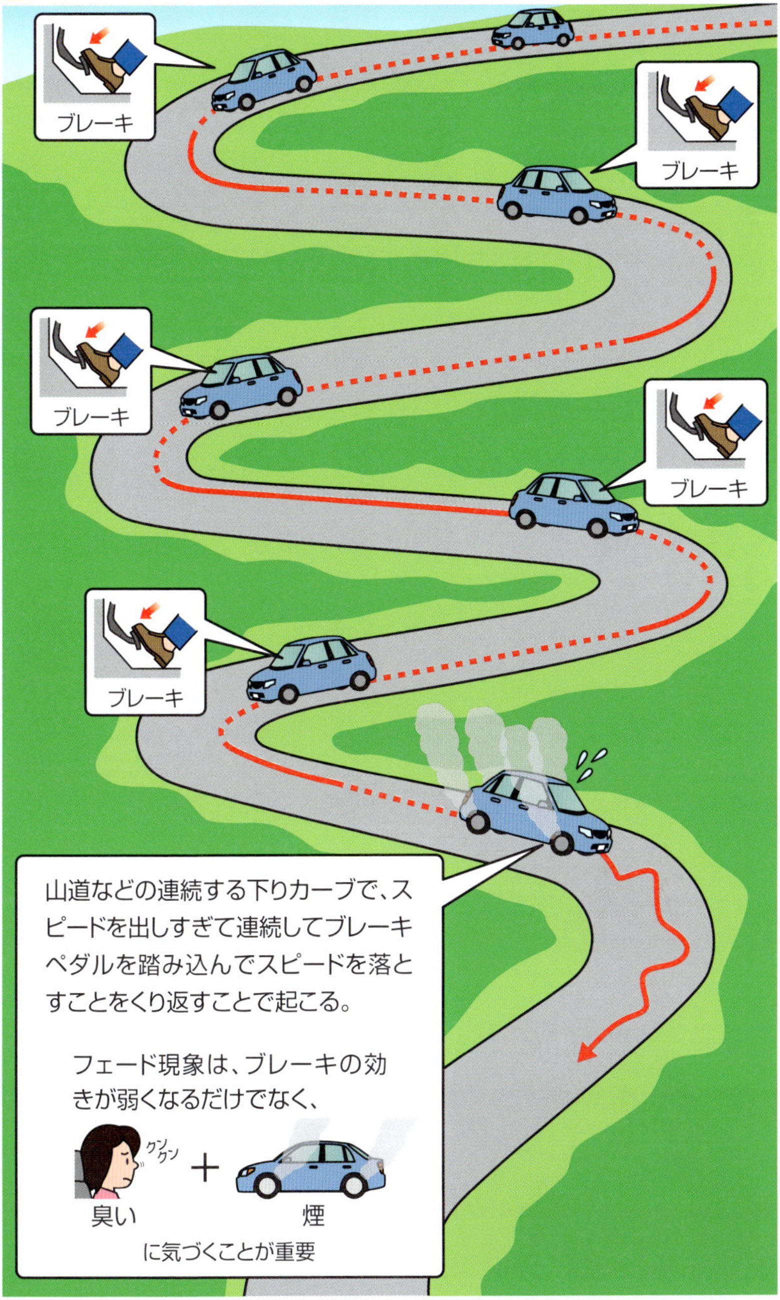

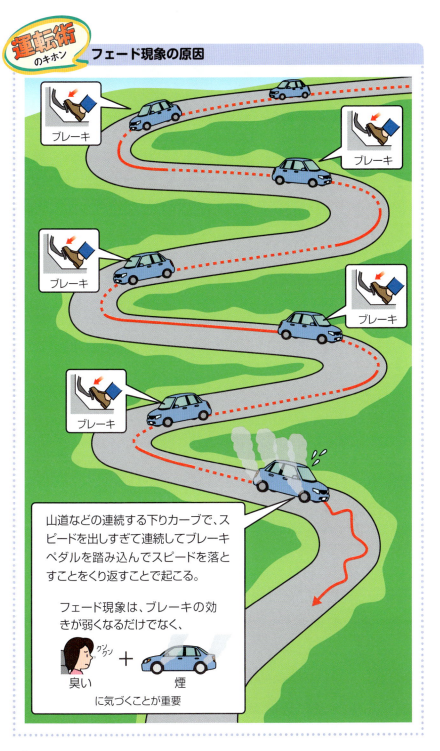

Q 「ベーパーロック」はどんなトラブルですか？

A ブレーキペダルを踏み込んでも気泡をつぶすだけでまったく効かない！

ブレーキペダルを踏んでも気泡をつぶすだけ

「ベーパーロック」は、ブレーキ液の温度が上がり、パイプの中で沸騰したときに発生する気泡によって起こるブレーキのトラブル。

ブレーキペダルを踏み込んでも、気泡をつぶすだけで踏みごたえがなくなり、フェード現象（→P166を参照）と違って突然まったくブレーキが効かなくなる。

そんなときは、**ブレーキペダルをすばやく上下に動かし連続してブレーキ液を送り込み、少し踏みしろが出たら深く踏み込んで止めるしかない**。まさに危機一髪の状況だ。

ベーパーロックは突然起こるからおそろしい

ブレーキ液が沸騰した瞬間に起こるベーパーロックは、**その直前まで何の前兆もなくブレーキは効いている**からおそろしい。水を沸かしたとき、沸点に達したら急にボコボコと泡が出るのと同じことだ。フェード現象の前に起こることもある。

現代のクルマは、整備の指示通りにブレーキ液を交換していれば、ベーパーロックが起こることはまずない。冷えれば普通にブレーキが効くようになるが、一度ベーパーロックを起こしたブレーキ液は交換しなくてはならない。

ブレーキ液を適切に交換していれば「ベーパーロック」はまず起こらない。

乗用車なら、車検ごとの交換を推奨していることが多い。

運転術のキホン　ベーパーロック現象の原因と対策

ブレーキ液が古くなると水分量が増すため沸点が下がり、ベーパーロックを起こしやすくなります。
また、指定のブレーキ液と異なったグレードを入れるのもよくありません（高価なものでも）。指定のブレーキ液をいれるのがいちばんです！

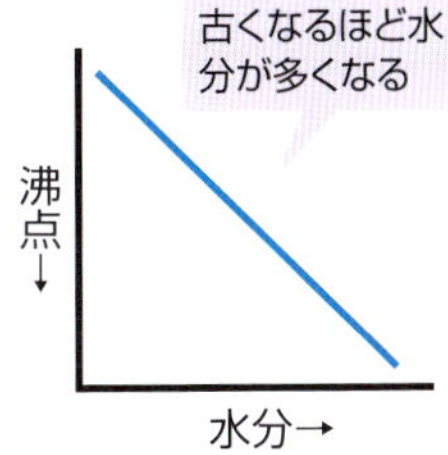

古くなるほど水分が多くなる
沸点↓
水分→

ベーパーロックが起こると…

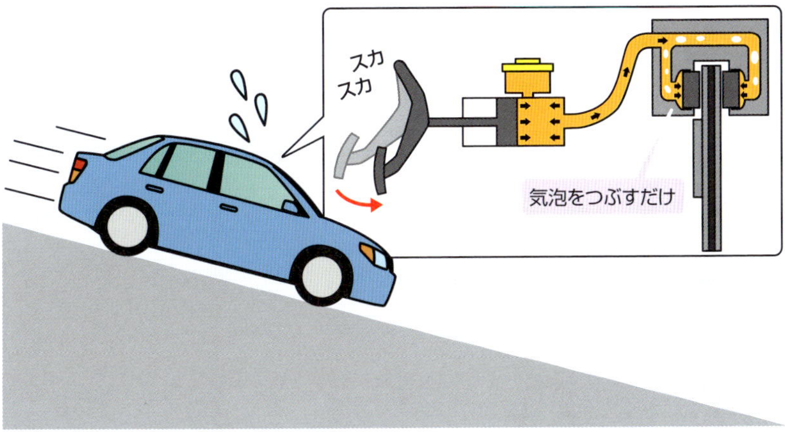

ベーパーロックが起こったら（対策）

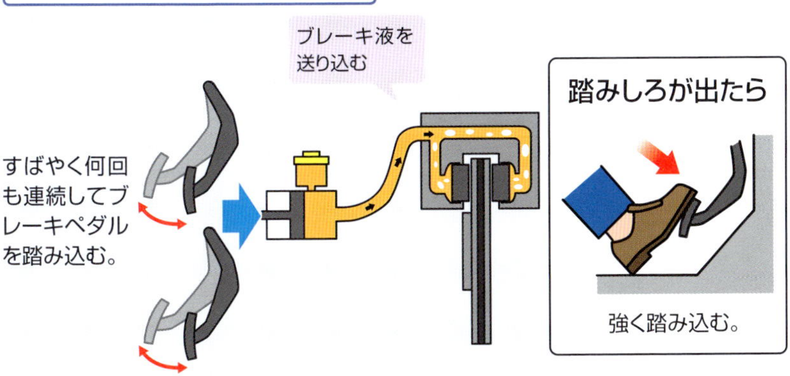

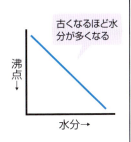

Q ブレーキパッドを交換する時期の目安はありますか？

A パッドが薄くなると金属が擦れる音が出る！

ブレーキパッドが薄くなるとトラブルの原因に

ブレーキパッドの摩擦材が薄くなると、ブレーキローターとの摩擦熱が摩擦材で吸収されにくくなり、表面積が減って熱が空気中に放出されにくくなる。

パッドの温度が上がることによって**フェード現象**（→P166を参照）**が起こりやすくなる**だけでなく、ベースの鉄板も熱くなり、そこからキャリパー内のピストンを経てブレーキ液の温度を上げるから、**ベーパーロック**（→P168を参照）**が起こる可能性も高まる**。パッドが減ったら新品に替えなければならない。

パッドの摩擦材が少なくなるとキーキー音が出る

パッドの摩擦材の厚みは目で見て確認できるが、摩耗限界に達する前に音がドライバーに知らせてくれる。**パッドから金属をキーキー擦るような音が出るようになったら交換の合図**だ。

それを無視して走るとどうなるか。パッドの摩擦材はすべてなくなり、ベースの鉄板が直接ディスクローターを擦ることになる。このときも**ギーギーと激しい音**がするがブレーキが急に効かなくなることはなく、ゆっくりなら止まれる。だが、ディスクローターはダメになる。

交換時期を知らせるインジケーターがないクルマは音で判断しよう。

ブレーキパッドの点検

最近のクルマはブレーキパッドの交換時期を車両情報で知らせてくれます。これが出たら交換を。インジケーターがついていないクルマは音で判断しましょう。

ギー
ギー
ブレーキペダルを踏んで
ギー
ギー
こうなるとローターも傷み、効きも悪くなる。

ハイブリッド車はブレーキパッドの摩擦材が減りにくい。減速するエネルギーでモーターを発電して電気に変えて制動するから、ブレーキパッドを使わない。

Q 雨の高速道路で注意することは何ですか？

A タイヤが水の上に乗る「ハイドロプレーニング現象」に注意！

水深が深いと時速70kmでも起こる

短い時間に大量の雨が降ると、排水しきれなくて道路に水があふれる。それほど大量の雨でなくても、高速道路の走行車線など、トラックの重みで凹(へこ)んだ轍(わだち)（車輪の跡）は水深が深い。

ここをハイスピードで走れば、ハイドロプレーニング現象が起きてしまう。**タイヤが水の上を水上飛行機（ハイドロプレーン）のように進む**のでこう呼ばれる。

水がたまった路面である程度のスピードを出して走ったとき、タイヤが路面をつかみきれずクルマのコントロールがきかなくなってしまう現象である。

ヨーロッパでは、「**アクアプレーニング**」という言い方が一般的である。ブレーキもハンドルもほとんど効かなくなってしまうので、普通のドライバーならパニックになってしまうだろう。

ハンドルとアクセルはそのままで抜けるのを待つ

ハイドロプレーニング現象が起きてしまったら、どう対処すればいいのか。

「ザザザッ」という大きな水の音とともにクルマが横にずれていったとき、あわててハンドルを切っても

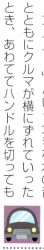

スピードが速いとタイヤが水の上に乗り、ハンドルとアクセルが効かなくなる。

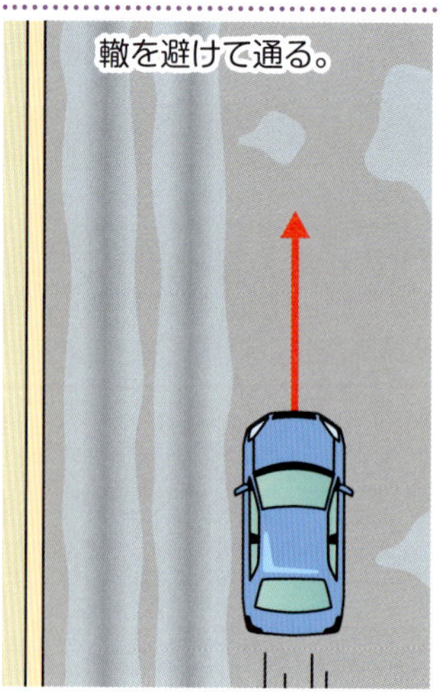

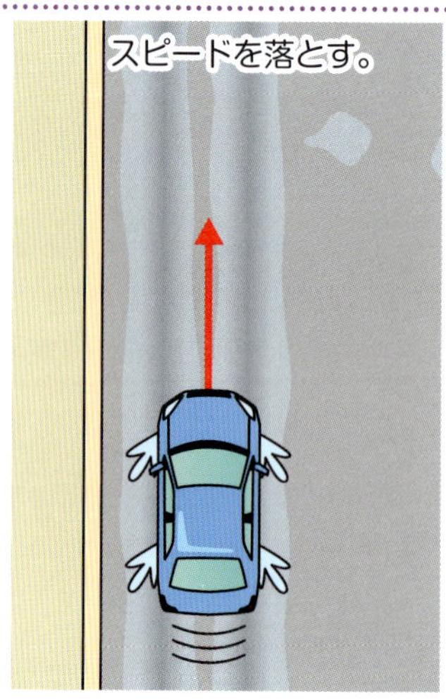

ブレーキを踏んでも反応しない。
　しかし、水深が深いところを通りすぎればタイヤはまたグリップを取り戻すので、それまでの我慢だ。ここで焦って大きくハンドルを切ってしまうと、グリップを戻したときにスピンしたりするのでハンドルは直進状態、**アクセルもそのままで、クルマが水深の深いところを抜けるのを待つ**のがよい。

スピードを下げ、危険を避けるのがいちばんの対処法

　ハイドロプレーニングはブレーキもハンドルも効かないおそろしい状態なので、できるだけならないように走りたい。
　水はけの音がフェンダーに当たって大きく聞こえるようになってきたら「危ない…」と思ってよい。**スピードを下げ、深い水たまりを避けて通るのがいちばんよい対処法**である。

運転術のキホン　ハイドロプレーニング現象の原因と対策

要因は
- 水深（深いと危険）
- タイヤの溝の深さとタイヤの幅（溝が浅い、タイヤ幅が広いとなりすい）
- クルマの重量（軽いとなりやすい）

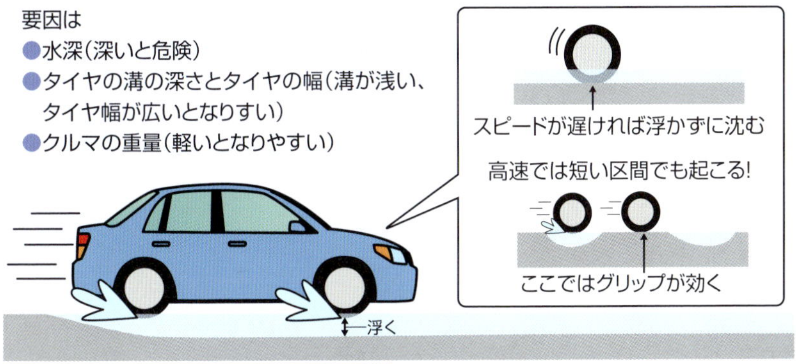

スピードが遅ければ浮かずに沈む
高速では短い区間でも起こる!
ここではグリップが効く
浮く

ハイドロプレーンが起こったら（対策）

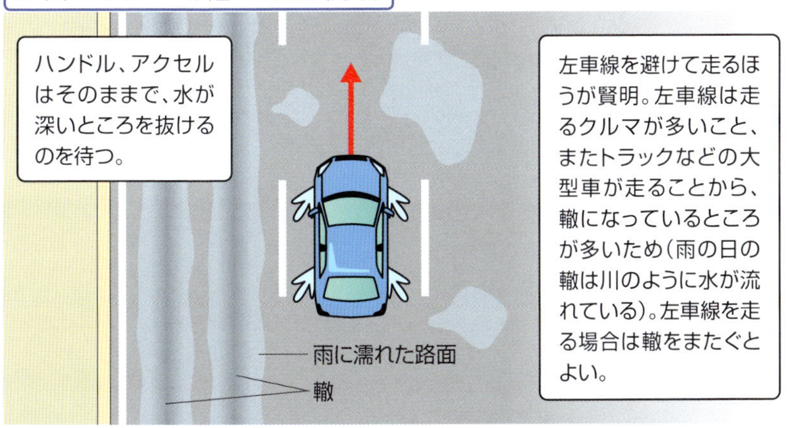

Q パンク対策にはどんな準備が必要ですか？

A ランフラットタイヤかパンク修理キットの搭載は義務！

落ち着いてパンク修理キットで応急処置をする

最近は、重量増になるスペアタイヤの代わりに、**ランフラットタイヤ**か**パンク修理キット**を搭載したクルマが増えている。ランフラットタイヤは、空気圧がゼロになっても時速80㎞までのスピードで80㎞から160㎞の距離を走れる性能をもつ(車種で異なる)。

普通タイヤはパンク修理キットで応急処置をするが、大きな穴があくようなケースでは対応できない。そんなときはJAFか契約している保険会社に連絡してレッカー車を呼ぶしかない。

スローパンクは事前に変調を察知できる

パンクの約8割は、釘などが刺さり徐々に空気が抜けていく「**スローパンク**」である。つまり、パンクだと気づいた場所ではなく、数日か数週間前にタイヤが拾った釘が原因で起こるのだ。

毎日少しずつ空気が抜けていく過程で、**ハンドルが少し取られるようになった**とか、**カーブでハンドルの手ごたえが変わった**などの変調に気づくことができれば、完全にパンクする前に対処できる。そんなところにも注意して運転していれば、路上で立ち往生する可能性も低くなる。

ランフラットタイヤは、パンクしても80km/h以下で80km程度の距離を走れる。

ランフラットタイヤを装着する。
「パンク修理キット」を搭載する。
タイヤ交換
ランフラットタイヤは、路上のタイヤ交換にともなう危険を排除できる。

運転術のキホン　パンク対策はタイヤと修理キット

タイヤのパンク対策として、「ランフラットタイヤ」をつけるか、「パンク修理キット」の搭載は義務。ランフラットタイヤは、空気圧警報装置付きの車両のみ装着が可能です。

ランフラットタイヤ　空気圧がゼロでもつぶれない

普通のタイヤ　つぶれる

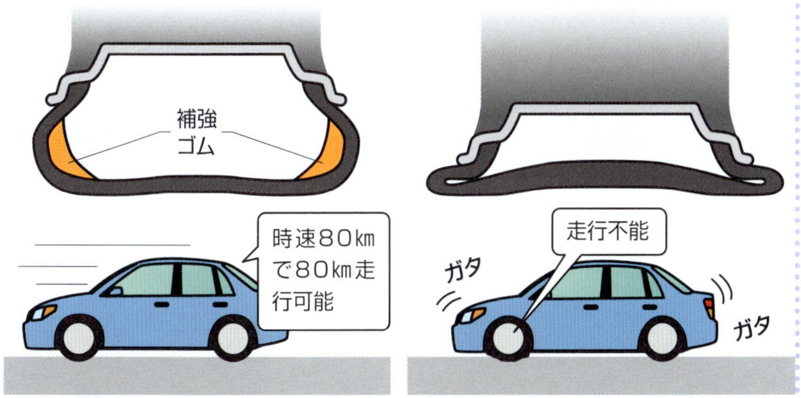

パンク修理キットの使い方　小さい穴なら応急処置ができる。

1

タイヤバルブからキャップを外し、コア回しでバルブコアを外す。

2

シール液の入ったボトルをよく振り、キャップを外して注入ホースをボトルにねじ込む。

3

注入ホースの栓を外してホースをバルブに差し込む。ボトル内のシール液を全部タイヤ内に注入し、ホースをバルブから引き抜き、バルブコアをバルブにしっかりねじ込む。

4

コンプレッサーのホースをタイヤバルブにねじ込み、プラグはシガーライターのソケットに差し込む。エンジンキーをACCまたはONに合わせ、コンプレッサーのスイッチを入れ、指定空気圧まで空気を入れる。

Q バッテリー上がりはどんなときに起こるのですか？

A 原因はバッテリーの寿命か放電のどちらか！

バッテリー上がりはスターターの音でわかる

スターターモーターが回ってもエンジンがかからないことがある。電圧が低い状態の場合、スパークプラグに十分な火花が出ないためにエンジンがかからない。そんなときは、**スターターの音も勢いもイマイチ**に感じるだろう。

スターターが最初からカチッと音がしただけで回らないか、回りそうで回らない場合も**バッテリーが弱いのが原因**である。全部のライトを消し、余計な電気はいっさい使わないようにして、間をあけてからかけるとかかる場合もある。

単なる放電の場合とバッテリーがダメな場合がある

1か月以上クルマを動かさずに放っておいたためにエンジンがかからなくなるケースは、**バッテリーに充電すれば元に戻る**から問題ない。元気なクルマ（救援車）とジャンピングコードでつないでエンジンをかければよい。

バッテリーそのものがダメになった場合は、エンジンをかけてもまた再始動不能に陥ってしまう。これは新しいバッテリーに換えるしかない。**バッテリーの寿命は3年が目安**とされるが、突然ダメになることもあるので注意が必要だ。

バッテリーの寿命の場合は、音や勢いに元気がない。判断の目安にしておこう。

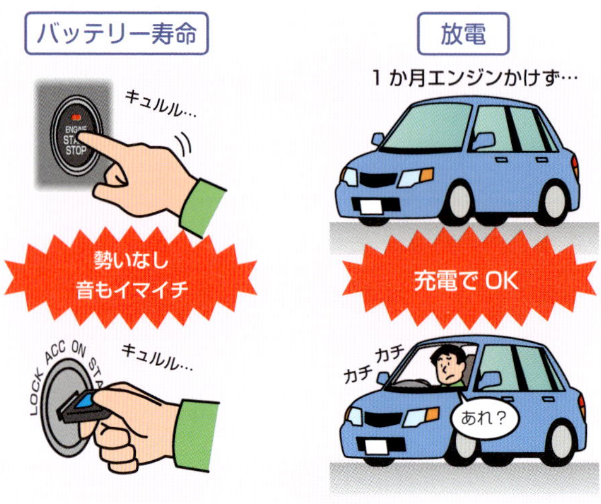

運転術のキホン

「ジャンピングスタート」の方法

バッテリー上がりは、バッテリー能力が落ちていることが大きな要因です。スキー場などの寒い場所やスモールランプをつけっぱなしで置いておくなどをすれば、バッテリーは上がってしまいます。

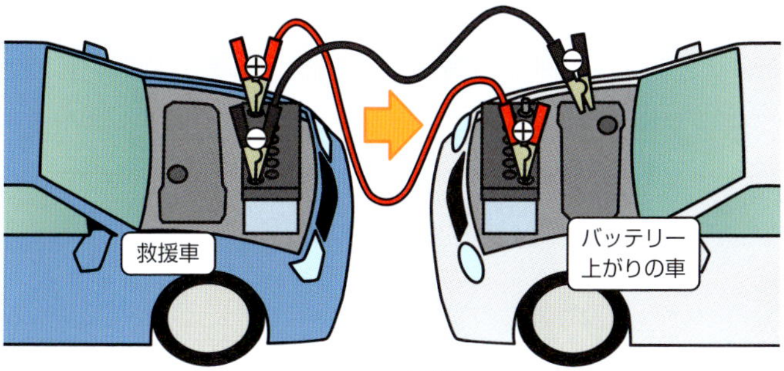

1

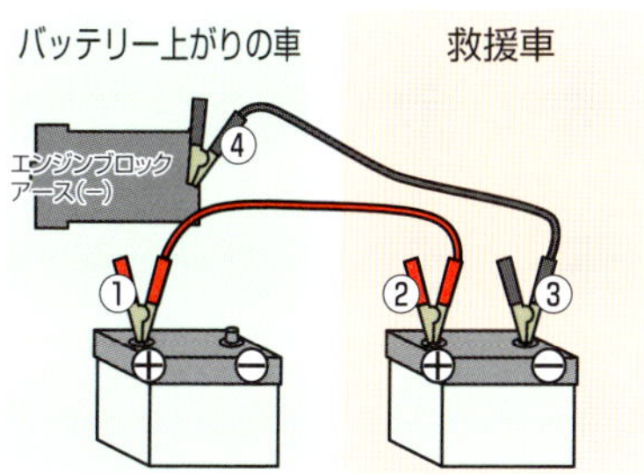

❶バッテリー上がりのクルマと救援車のバッテリーをつなぐ。

2

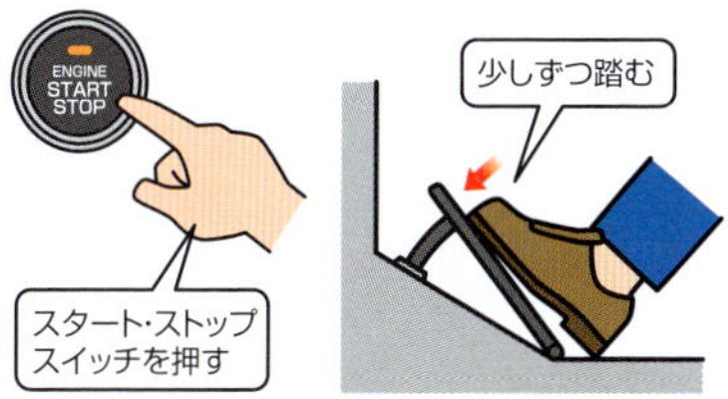

❷ケーブルをつないだら救援車のエンジンをかけ、アクセルペダルを少し踏み、2000rpm程度まで回転数を上げる。

3

❸バッテリー上がりのクルマのエンジンを始動する。

4

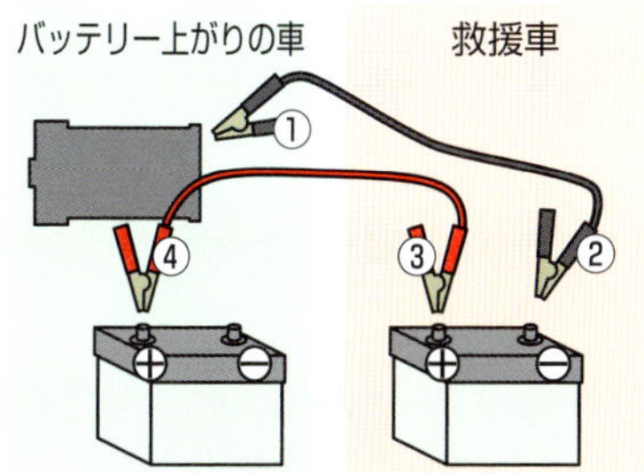

❹エンジン始動後、つないだときと逆の手順でケーブルを外す。

Q 燃料切れを起こすとクルマにダメージはありますか？

A 電子制御のクルマほどその後のダメージに注意！

燃料計とオンボードコンピュータでチェック

交通量の多い道路や逃げ場のない道路でエンストすると、危険であると同時にほかのクルマの迷惑となる。

エンジンがかからないときは、まず燃料計を見て、**E（エンプティ＝空）に針が近かったら燃料切れ**を考えたほうがよい。燃料タンクの中に吸い口があり、クルマが斜めになっていると少し残っていても吸えないケースもある。

オンボードコンピュータでレンジ（残り航続距離）をチェックする方法もある。数字が消えていたら、いつ止まってもおかしくない。

電子制御の燃料噴射での燃料切れは避けたい

最近のクルマのコンピュータ制御による燃料噴射は、多くのセンサーにより管理され、**いつも最適な燃料噴射量を保つようにコントロール**されている。

しかし、コンピュータは燃料切れは識別しないようで、噴射しても燃料が足らないと判断するともっと燃料を増やしてしまう。通常より多くの燃料を噴射してしまうことになり、エンジンがスムーズに動かなくなるケースも考えられる。**最新のエンジンほど、燃料切れを起こさないようにしたい。**

エンジンがかからない場合は、まず燃料計をチェック。

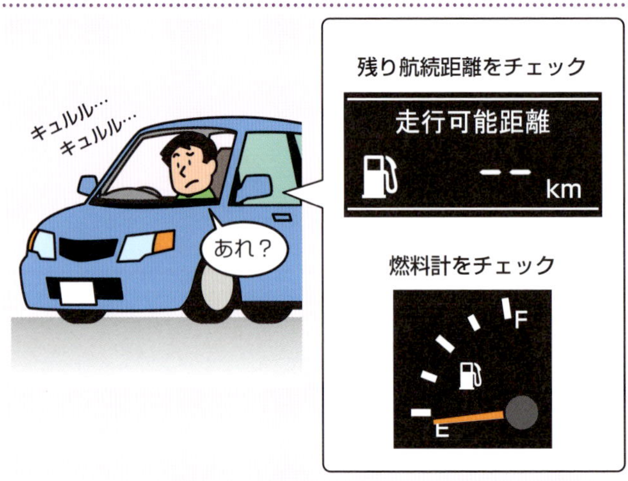

運転術のキホン

燃料切れ防止対策

燃料計をチェック。走行可能距離の表示があればその数字をチェック。

オンボードコンピュータで「航続距離」をチェック。走り方により変化する。

燃料計の針が「E」に近くなったら

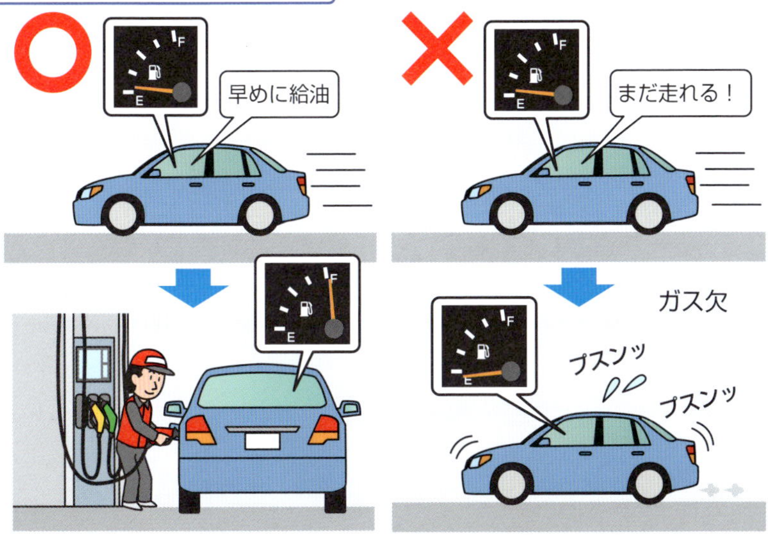

Q リモコンキーでドアが開かないときはどうしたらよいですか？

A リモコンキーに内蔵されている機械式キーを使う！

電波塔の下でよく起こる盗難防止機能

電波塔の下など強い電波がたくさん飛んでいる地域にクルマを止めると、ドアがアンロックできなくなることがある。

これはクルマの盗難防止装置が働くためで、泥棒がドアを開ける周波数を探していることを想定して電波では開かなくするためのセキュリティシステムだ。

そんな場合は、**リモコンキーに内蔵されている機械式のキーを出し、カギ穴に差し込んでドアを開ける。**警報は鳴るが、正しいキーでエンジンONにすれば大丈夫だ。

腕を上に伸ばして操作すると遠くまで届く

テレビのリモコンと違い、今のクルマの**リモコンキーは電波式**になっている。

クルマとの距離が近ければ、どんな方向にリモコンキーを向けて操作しても問題なく作動する。

しかし遠いところから操作するなら、**リモコンキーを上に向けたほうがよい。**

さらに腕をアンテナにするために、腕を上に伸ばすとさらにかなり遠くまで届くようになる。腕を中心に輪が広がるように電波が広がっていくからだ。

リモコンキーが作動しないときは、機械式キーを取り出して使用する。

運転術のキホン 最新式のキーと「リモンコンキー」「機械式キー」の違い

最新式は、リモコンをポケットなどに入れたままでロック／アンロックが可能。

リモコンキー

ドアの開閉はリモコンのスイッチを押すだけ。

機械式キー(リモコンもできるタイプ)

ドアの開閉はカギ穴にキーを差し込んで行う。

機械式キーの取り出し方

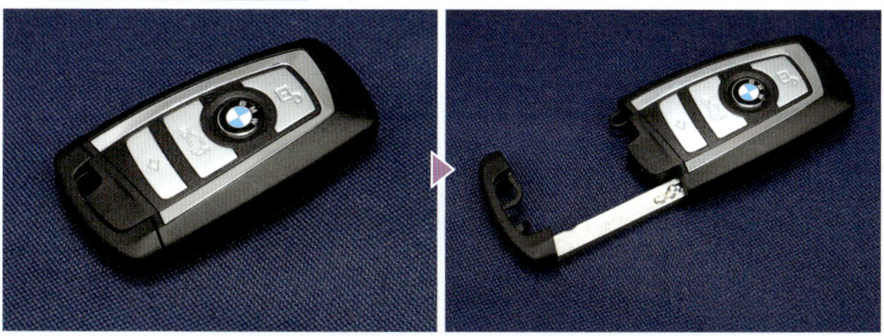

リモコンもできるタイプの機械式キーはリモコンに内蔵されている。リモコンキーに不具合が生じたときは、引っ張り出して使用する。

Q キーを閉じ込めてしまった場合は、どうしたらよいですか？

A スペアキーを取りに帰るか、ガラスを割るしかない！

夫婦でのドライブならそれぞれにキーを持つ

長距離ドライブに行った先でキーの閉じ込みをしてしまったら悲劇だ。帰るか壊すしかない。

もし夫婦でドライブに出かけるなら、**それぞれがキーを持って行く**とよい。車内にキーがあればエンジンがかかるタイプが増えたが、車内にキーがあるときにはドアロックができないようになっている。

リヤドアが開いている状態でロックし、荷物を出してからリヤドアを閉め、車内にキーを置き忘れたりした場合でも、もう1つキーがあれば解決できる。

クルマから降りるときにはいつも身につける

車内にキーがあり、外からロックしていないのに何かの誤作動でドアを閉めた瞬間にロックしてしまうというケースもある。そんなことも想定して、**クルマから降りるときはいつもキーを身につけておいたほうがよい。**

スペアキーをクルマの外から取れる場所に隠しているという人もいるが、これはこれで盗難が心配だ。キーを隠す専用のアクセサリーも市販されているようだが、それだけ需要があるということだろう。キーを持って降りるのがいちばんよい。

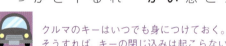

クルマのキーはいつでも身につけておく。
そうすれば、キーの閉じ込みは起こらない。

運転術のキホン

キーの閉じ込み　傾向と対策

今のクルマは車内にキーがあると外からロックできません。しかし、小さな子どもが乗っていて運転していたお母さんがクルマから降りて反対側に回って子どもを降ろそうとしたら、子どもが助手席に立ち上がってロック。カギは車内。子どもはどうにもできず…。
このような場合は、合いカギがないとどうにもなりません。

クルマから降りるときは、つねにキーを持つことを習慣づける。

夫婦などの場合は、それぞれがキーを持って、イザというときに備える。

車外のどこかにキーを隠すのは盗難のおそれがあるので推奨できない。

Q 青キップを切られた場合は、どうすればよいですか？

A 反則金を支払い、違反点数が累積される！

1点2点の軽微な違反をしないこと

あるタクシー会社の経営を立て直すことになったコンサルタントがまず行ったのは、軽微な違反を絶対しないように運転手に徹底させたことだった。そのタクシー会社は事故が多くて信用をなくし経営不振に陥ったので、まず事故をなくすことが急務だった。

その会社のその後は……、事故もなくなり経営も安定したということだ。**軽微な違反はつい油断してやってしまう**傾向がある。妥協せずに、そこを徹底させたことが大きな成果を生んだのだろう。

捕まりグセを防ぐには徹底した法令遵守

1回検挙されると、数か月以内に再び検挙されるケースが多い。いわゆる「**捕まりグセ**」だ。何回も捕まるから累積点数が増えていき、免停や取り消しになったりする。

これを断ち切るのは、**徹底した法令遵守**しかない。違反をせずに1年間運転すれば、そのごほうびで点数がクリアになる。さらに、事故を起こさず、保険料も安くなるというおまけもついてくる。

あたりまえのことだが、まずは**軽微な点数の違反をしない**ところから始めよう。

軽微な違反をしないことを徹底させ、捕まりグセから抜け出す。

昔
前の乗用車、左に寄って止まりなさい！
しまった!!
スピード超過！
POLICE
現在
軽微な違反もしないぞ!!
法令遵守

運転術のキホン　3種類ある運転免許証

グリーン
免許

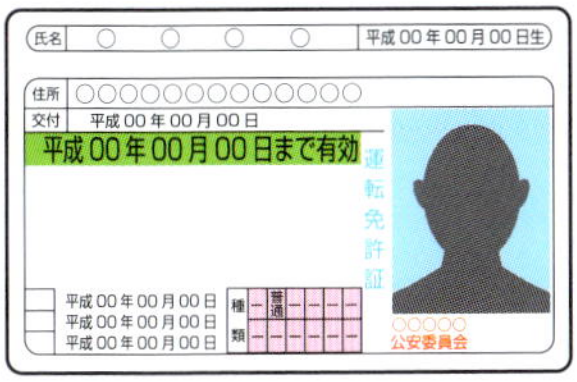

運転免許証を最初に取得したときに交付される免許。有効期間は３年間。

ブルー
免許

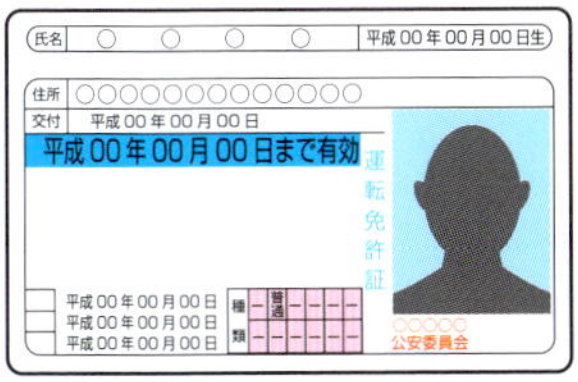

一般運転者・違反運転者・初回更新者の３つに区分される。

一般運転者	違反運転者	初回更新者
免許歴５年以上、かつ過去５年間軽微な違反（３点以下）が１回だけの人。有効期間は５年間（ただし、70歳の人は４年間、70歳超の人は３年間）。	免許歴５年以上、かつ過去５年間軽微な違反を除く違反がある人。有効期間は３年間。	免許歴５年未満、かつ初めて更新する人で、軽微な違反（３点以下）が１回の人。有効期間は３年間。

ゴールド
免許

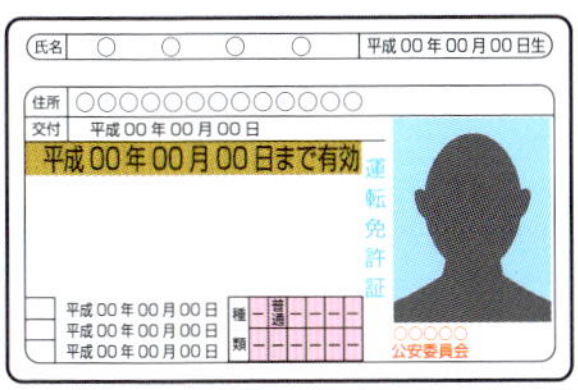

有効期間が満了する日の前５年間、無事故・無違反の人。有効期間は５年間（ただし、70歳の人は４年間、70歳超の人は３年間）。

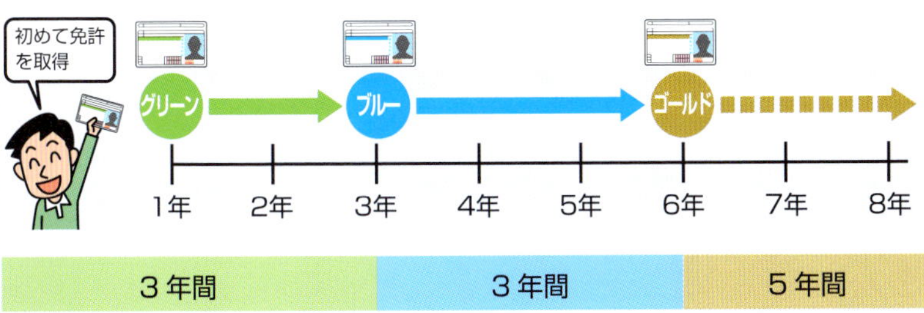

Q 走行中にエンジンが止まったらどうすればよいですか？

A クルマを路肩に寄せ、安全な場所で救助を待つ！

止まり方により電気系か燃料系か想像できる

走行中に突然**アクセルペダルが何の反応もしなくなる**ケースは、電気系のトラブルが多い。

燃料系のトラブルでは、燃料が出たり出なかったり、量が減ったりするのでギクシャクした動きになってから止まることが多い。

アクセルペダルを踏まないときは問題ないのに、**深く踏むと力がない**というケースは、電気系でも燃料系でもなく、吸入系のパイプが外れていることが考えられる。

また、オルタネータが故障すると発電できなくなって止まってしまうが、この場合は赤い警告灯がつくので判断できる。

日頃からのチェックでトラブルを防止

走行中にエンジンが反応しなくなった場合は、すぐ左にウインカーをつけ、走れる間に路肩に寄せて止める。車外に出てひかれてしまうケースが多いので、可能なら車内で救援を待つほうが安全だ。ハザードランプや発炎筒、停止表示板を使用して、**後ろのクルマに知らせる。**

大きな音がして突然止まったら致命的な故障になる

エンジンオイルの量が足りないま

道路の真ん中に止めておくのは危険。ＡＴ車でも「Ｎ」レンジに入れれば、押して移動させることができる。

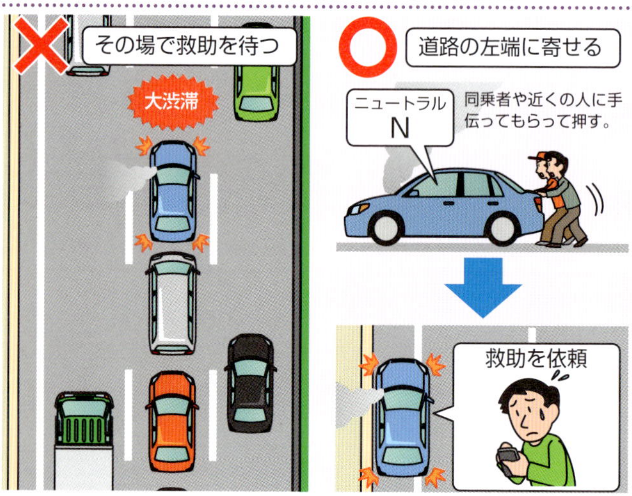
その場で救助を待つ
大渋滞
道路の左端に寄せる
ニュートラル
N
同乗者や近くの人に手伝ってもらって押す。
救助を依頼

ま走行していると、クランクシャフトとコネクティングロッド（ともにエンジンの部品）が焼きついてエンジンの壁を壊し、エンジンが止まってしまうこともある。

また、オーディオやカーナビを取り付けたときに電気配線が正しくなかった場合や、エンジンオイルが漏れていて温度の高い排気系統にかかった場合などは火災が発生することもある。

煙が出て焦げくさい臭いがした場合は、すぐにクルマを止めて車外に逃げたほうがよい。数分でクルマが全焼してしまうこともあるのだ。

運転術のキホン　エンジントラブルが起こった場合のクルマの止め方

クルマを路肩に止めてハザードランプをつけ、停止表示板を取り出す。

クルマの後方に停止表示板を置いて後ろのクルマに知らせる。

PART 6 【実践編】トラブル 11

Q 事故を起こしてしまったときの対処法を教えてください。

A 人命救助（救急車の手配）→警察への連絡→交通整理！

事故のときこそ冷静になって対処する

事故に遭遇したら、冷静になって対処することが肝心だ。

まず、**人命救助が最優先**。ケガをした人がいれば、スマートフォンなどですぐに１１９番して救急車を呼ぶとともに負傷者を救護し、警察にも連絡する。

救急車が来るまで、通行できない場所があるなら**交通整理**をしたほうがよい。

自分も負傷しているなら、道路外の安全な場所を選んで座るか横になっているようにし、**二次的な事故を防ぐ**ことも頭に入れておこう。

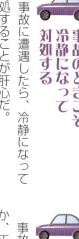

ドライブレコーダーは自分を守るためにも役立つ

事故の直前がどんな状況だったのか、正確に思い出すことは難しい。さらに相手がいる場合、信号が何色だったか、一時停止したかなど、意見が食い違うことは多い。

そんなときにあると便利なのが**ドライブレコーダー**である。急ブレーキや衝撃があると、その前後15秒の合計30秒を記録してくれる。マニュアルでスイッチを押せば、メモリーの容量に合わせて何十分でも記録が可能だ。ドライブレコーダーという証人を乗せて走れば、何かあったときに心強い。

優先するのは負傷者の救助。
冷静かつ適切に対処しよう。

運転術のキホン　事故を起こしてしまった場合の措置

❶負傷者がいる場合、すぐに119番に連絡するとともに、可能な応急救護処置をする。負傷者はむやみに動かさないほうがよいが、後続事故のおそれがある場合は慎重に安全な場所に移動させる。

❷事故の大小にかかわらず、必ず警察に連絡をする。軽微な車両損害だからといって当事者同士で示談したりすると、保険が適用されなかったり、思わぬトラブルの原因になる。

❸救急車が来るまで、通行の妨げになるなら交通整理をする。自分も負傷しているなら、安全な場所に避難する。

One point ! 最新クルマ情報

事故を記録する「ドライブレコーダー」

「ドライブレコーダー」は、カメラで前方の様子を録画できる装置で、交通事故の記録として有用である。最近は一般のクルマでも取り付ける人が増えている。装置を付けることで安全意識が高まり、事故を起こさないようにするメリットもある。写真は「ドラドラ6」(JAF MATE社）の画面。

＊写真提供：JAF MATE社

Q 豪雨のとき、とくに注意すべきことは何ですか？

A ドアを開けて室内に水が浸入するなら走行不可！

集中豪雨のときはアンダーパスを通らない

豪雨でも濡れずに移動できるのがクルマの利点ではあるが、限度を超えると走行できなくなる。水が深くたまってタイヤで跳ね返した水が自分のクルマにかかってくるようなときは、エンジンルームに大量の水がかかるトラブルなどを避けるためにもスピードダウンして走らなければならない。

また、集中豪雨で排水が追いつかず、アンダーパス（立体交差で掘り下げ式になっている道路）などの深い水たまりになっているところに突っ込んでエンジンが止まってしまった場合などは、エンジンを再始動しないほうがよい。エアクリーナーから水が入っているとエンジンが壊れてしまう。

クルマごと水に落ちた場合は、浮いていられるうちにすばやく脱出を

「多分行けるだろう。行ってしまえ！」という判断がいちばん危険だ。前にも後ろにも進めなくなった場合は、**冠水する前にクルマから脱出する**のが無難である。

また、川や海などにクルマごと落ちてしまった場合、多くの人はパニック状態になるだろう。ただ、**クルマはすぐには沈まない**ので脱出する時間はある。

豪雨のときは運転しないのがいちばんだが、やむを得ないときはスピードダウンが原則。

とくにアンダーバスでは冠水に注意。
バシャ

そのような場合、普通は外からの水圧でドアは開かなくなってしまうので、まずは窓を開けて水をある程度室内に入れ、ドアにかかる内外からの圧力を同じにすればドアが開きやすくなる。

また、クルマはたいていエンジンがある前方から沈んでいくので、まだ水圧がかかっていない後部のドアのほうが開けられる可能性が高い。

電気系統が故障してパワーウインドウの窓が開けられなくなってしまった場合に備えて、**ライフハンマーを車内に用意しておく**とよい。カッター機能を備えたライフハンマーがあれば、反対側に備わる刃で外れなくなったシートベルトを切ることもできる。

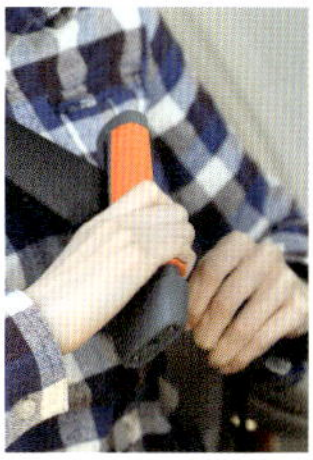

運転術のキホン 「ライフハンマー」の活用法

ガラスを割る

ガラスに当て、さらに押すと針が飛び出してガラスが割れる。

ライフハンマーは、金属やセラミックの鋭い角の部分でガラスを割ることができるグッズ。これを備えておくと、脱出不可能になったとき、ガラスを割って外に出ることができる。ただし、合わせガラスのフロントガラスはライフハンマーでも割れない。車両に備えるものと、キーホルダーになるものがある。

シートベルトを切る

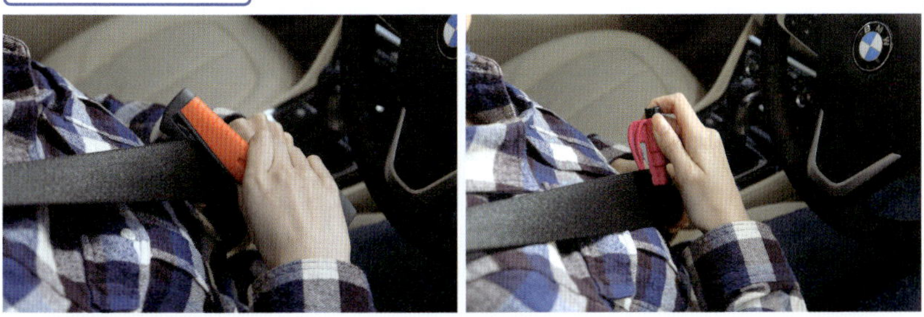

クルマから脱出するとき、シートベルトが外せないような場合でも、カッター機能を備えたライフハンマーは便利。

コラム モータリゼーション先進国 ドイツに学ぶ 6

踏切の通行方法

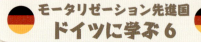

日本人観光客がドイツでレンタカーを借りてドライブしているときによく間違えるのは、鉄道の踏切で一時停止することだ。

ドイツでは踏切は信号機のある交差点と同じ考え方で、警報音が鳴ったり、遮断機が下りてきたりしたら止まるが、それ以外は多少スピードを落とす程度でそのまま通過するのが原則になる。

日本人がドイツの踏切で安全確認のために一時停止したときに、後続車が急ブレーキでタイヤスモークが出そうな勢いで迫ってきたという話を何回も聞いたことがある。世界中で列車が来ない踏切で一時停止するのは例外的な場所しかないが、日本では信号機がないすべての踏切がその例外に当たる。

警報音が鳴って遮断機が下りて列車が通過するのを待っているときは、エンジンオフが原則になる。むだに排気ガスを出さない、むだに燃料を使わないだけでなく、むだに騒音を出さないということにも気を配りたい。止まったままのアイドリングは、州によっては騒音防止条例違反になることもある。

PART 7

［実践編］

装備・メンテ

Q タイヤの空気圧はどのくらいの頻度でチェックすればよいですか？

A 理想は2週間に1回、空気圧をチェック！

空気圧はタイヤにとって最重要チェック項目

空気圧は、タイヤ全般の性能を決めるいちばん重要な要素である。

車両指定空気圧はドアを開けたところか、給油口の蓋（ふた）の裏に記載されているので、タイヤが冷えているときにその数値に従って空気圧を合わせておこう。風船と同じように、タイヤの空気は自然に漏れてしまうものなので、補充が必要だ。

通常は1か月に1回といわれているが、**2週間に1回チェックする**とスローパンク（→P174を参照）を発見できるというメリットもある。空気圧チェックのときに、傷の有無や残りの溝の深さも見ておこう。

安全のためのタイヤ交換時期は意外と早い

タイヤは使えなくなる前に交換しないと安全に走れない。雨の高速道路を走るなら、**溝の深さが4㎜以下になったら交換**したほうがよい。新品は8.5㎜程度なので5分山は限界に近い。走ってタイヤがすり減るごとにハイドロプレーニング（→P172を参照）が起こりやすくなっている。

タイヤのゴムは徐々に硬くなっていくので、雨の日のグリップも徐々に落ちていくが、**10年を過ぎたら使えない**と考えよう。

タイヤ横の楕円のマークの中

タイヤ交換の決め手は溝の深さ。溝が浅くなるとスリップしやすい。

運転術のキホン

タイヤの刻印とタイヤゲージの使い方

タイヤの刻印

タイヤには、「セリアルNo.」と呼ばれる製造年週が刻印されている。4ケタの数字で、下2ケタが製造年、上2ケタが製造年週を意味する。右の写真では「2014年第23週」のタイヤとなる。

製造年週のほか、タイヤには、サイズ、偏平率などの情報が表示されている。

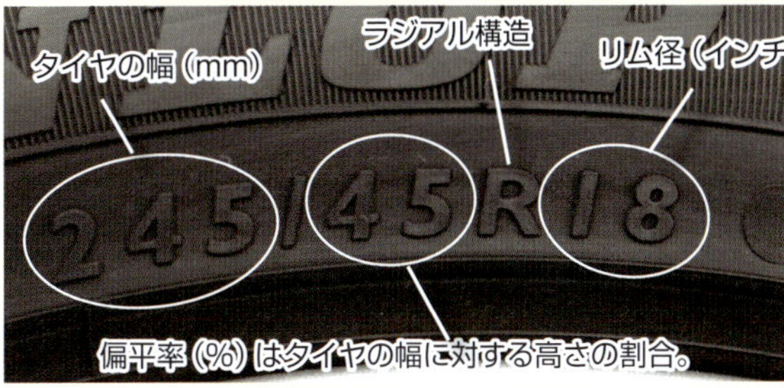

タイヤゲージ（ペンシルタイプ）での空気圧の測り方

エアキャップを外し、ペンシルタイプの口をバルブに対して直角方向に当て、空気漏れのないようにしっかり押さえる。空気圧で出っ張ってきた棒の位置を確認する。出たところを手で戻し、バルブから外して（固定される）目盛りを読み取る。

には、製造年週が記入してある。「0814」となっているなら下2ケタが製造年なので2014年。上2ケタが製造週を示すので第8週。つまり、2014年2月頃に製造されたことがわかる。

溝の深さが十分あり、製造されてから新しいタイヤであっても、**深い傷がある場合は使わないほうがよい**。とくにサイドウォールに深い傷があると、急な空気圧の漏れやバーストにつながるおそれがある。

雪が降ったらではなく気温7℃で冬タイヤに

夏タイヤは冬に減る！　これは**寒くなるとゴムが硬くなってしまう**からだ。そしてグリップも悪くなる。

乾いた舗装路で比較すると7℃以下になると夏タイヤより冬タイヤのほうが時速100㎞からの制動距離が短くなる。つまり、雪が降ってから冬タイヤを履くのではなく、**気温が7℃以下に下がったら冬タイヤを履くべき**なのだ。ドイツでは冬期は冬タイヤを履かなくてはならないという法律があり、罰則もある。冬タイヤを履いていれば都会に雪が降ってもパニックにならずにすむ。

冬タイヤを夏の保管で劣化させない方法

タイヤは、製造後すぐに劣化が始まる。また、**保管するときは、温度と太陽に要注意**だ。

気温55℃の中に2週間置くと1年ぶん劣化し、65℃で1週間置くと2年ぶん劣化することがわかっている。**冬タイヤはほぼ3年が使用限度**と考えると、1年使って条件の悪いところで保管したら次の年はもう使えないほど劣化する。25℃以下の環境では、何年経っても劣化しないこともわかってきた。

One point ミニ知識

プラットホーム

スタッドレスタイヤやウインタータイヤは、プラットホーム（溝の途中の段差）が露出すると冬タイヤとしての使用の限界になる（夏タイヤとしては使える）。

プラットホームは、溝の深さ半分くらいのところにある（タイヤのサイドに印がついている）。

運転術のキホン　夏タイヤと冬タイヤ

夏タイヤ

寒いとゴムが硬くなり減る。グリップも低くなる。

冬タイヤ1

スタッドレスタイヤ

氷上でも走ることができるソフトなゴムを使用している。

冬タイヤ2

ウインタータイヤ

欧州の冬用タイヤの定番。ドライ路面でもしっかりしたグリップを確保している。

Q エンジンオイルの交換時期を教えてください。

A インターバルは延びている。目安は粘りがなくなったとき！

車両指定のオイル交換の時期をチェック

5000km走ったらエンジンオイルの交換というのは昔の話だ。今は、通常の運転状況なら昔の3倍の**1万5000km（または1年）が標準**と考えてよい。3万km（2年）というクルマもある。エンジンオイルの進化のおかげで、クルマを整備に出す手間が減り、廃油の量も減らせるし、出費が少なくなるという恩恵を受けられる。

ただし、エンジンに負担をかける走り方をした場合はオイルも劣化するので、そのときは**7500km（半年）で交換が必要**だ。

よいオイルはすぐに黒くなる。交換の目安は汚れよりむしろ粘り

オイルの点検をしてもらったときに、「オイルが真っ黒になっているので取り替えましょう！」と言われたことがある人も多いだろう。しかし、エンジンの汚れを取ったから黒くなるので、**よいオイルほど交換すると早々に黒くなっているもの**なのだ。このことを覚えておこう。

オイルは色の変化ではなく、**粘りがなくなったら劣化した証拠**。冷えた状態でレベルゲージについたオイルを親指と人差し指で強く擦（こす）って、ヌルッとしていたらまだまだ使えるのだ。

オイル交換の目安は走行距離１万5000kmか１年。
あとはオイルの粘りをチェック。

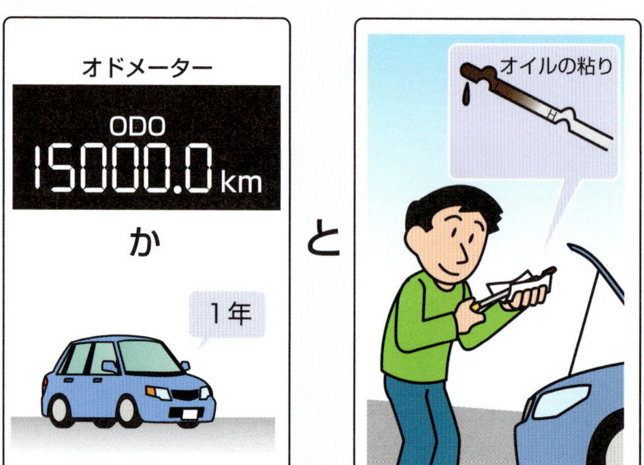

運転術のキホン　エンジンオイルの点検のしかた

❶オイルレベルゲージ（油量計）の位置を確認し、引き抜く。

❷一度全部引き抜き、エンジンオイルをきれいなタオルなどで拭き取る。

❸再度、レベルゲージを奥まで差し込む。

❹レベルゲージを引き抜き、オイルの量がＦとＬの間にあるか確認する。

点検するときの注意点

オイルの色は黒くなっていて OK。

オイルの粘りをチェック。ヌルッとしているなら大丈夫。

Q バッテリー交換の目安を教えてください。

A 3年が目安だが、スターターモーターの勢い、ヘッドライトの明るさを見る！

バッテリー寿命は過充電、過放電に注意が必要

バッテリーを長持ちさせたければ、過充電、**過放電をしないことが大事**だ。過充電はオルタネータで発電した電気をどこまで充電するかだが、これはクルマが自動制御しているから大丈夫だろう。

過放電はドライバーの使い方で発生してしまう。いちばんの過放電はバッテリー上がりである。スターターモーターが回らないくらいになってしまったら、バッテリーの寿命は短くなっている。長期間クルマに乗らないのは、バッテリーにとってよくないのだ。

スターターモーターの勢いで寿命がわかる

バッテリーは突然寿命が来ることが多いのだが、よく注意していれば前兆がわかる。チェックポイントは2つある。

その1つは**スターターモーターの勢い**。スターターを回しながらスパークプラグに点火しなくてはならないため、一度に電気が必要になる。その供給が怪しくなったら寿命が近いということになる。

もう1つは**ヘッドライトの明るさ**。エンジン回転の上下で明るさが変わるようなら、ボチボチ交換時期に来ている。

バッテリーのチェックポイントは2つ。
前兆を見逃さないようにしよう。

スターターの勢い
キュルルンと勢いよくスターターモーターが回ればOK。
キュルルン
ググググッとゆっくり回るようなら要注意。
ググッ

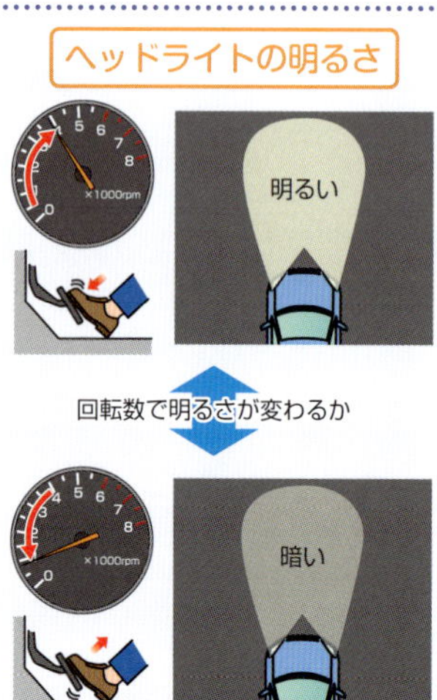

運転術のキホン ターミナルの掃除のしかた

エンジンがかからないときは、バッテリー上がりを疑いますが、じつはターミナルがゆるんでいるために電気がうまく流れずに起こることがあります。端子を一度外して、ターミナルをワイヤーブラシなどで掃除し、スパナなどで端子をしっかり取り付けます。

1

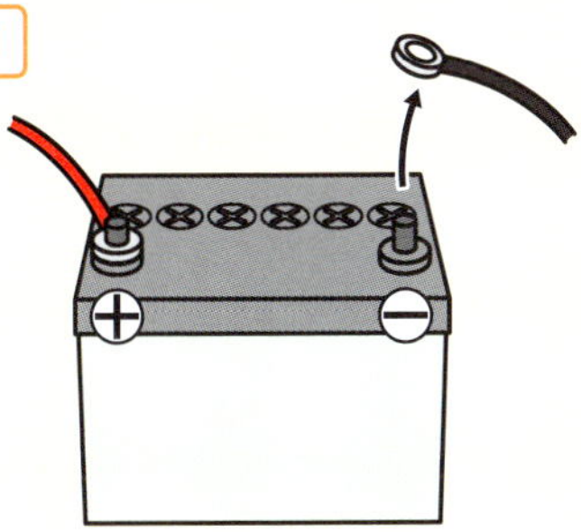

❶まずマイナス端子を外す。

2

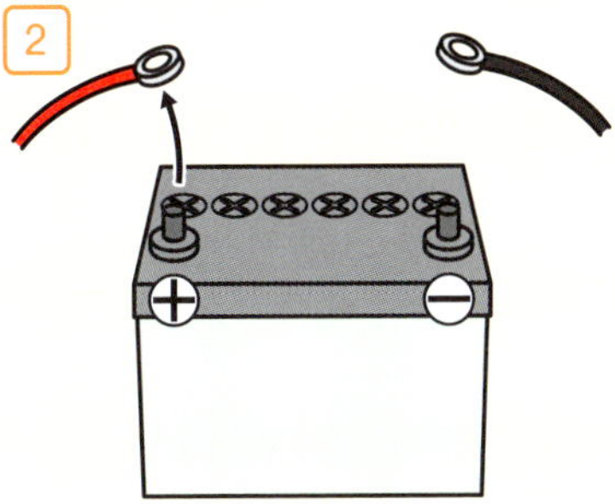

❷続いてプラス端子を外す。

3

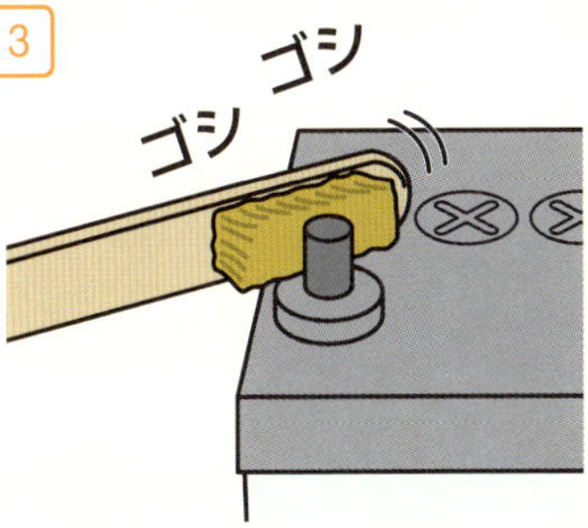

❸ワイヤーブラシなどで、ターミナルを掃除する。

4

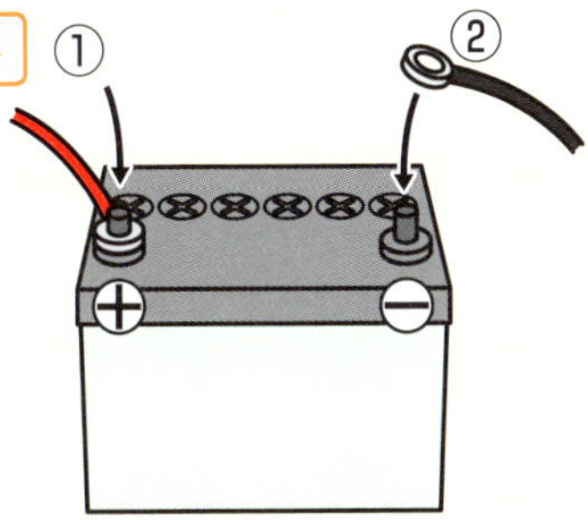

❹プラス→マイナスの順で端子を取り付ける。

ターミナル部分をワイヤーぶらしなどできれいにする。

Q カーナビを上手に使いこなせません。

A 知っている場所でもナビの誘導で得をする！

経路案内は渋滞情報を元に更新される

カーナビは、情報通信システムによる渋滞情報を元に、すいている道を探して早く到着できるルートを案内してくれるので、はじめて行く場所はもちろん、**知っている場所に行くときにも使える。**

日産自動車の試算では、1回につき**平均70円燃料代が安くなる**という。早く着いて燃料代もお得なのだから、せっかく装備されているものを使わない手はない。筆者はドイツのレンタカーでアウトバーンを走るとき、ナビの指示通り側道を通り大渋滞を免れたことがある。

音声入力なら走りながら目的地設定が可能

日本では走行中に目的地設定できないナビが多いが、音声コマンドを使えば、**走行中の目的地設定も可能**になる。トークボタンを押して、「目的地設定」「住所検索」「東京都千代田区……」と番地まで話せば設定できる。

目的地設定だけでなく、**縮尺、地図向きなども走行中に音声で指示できる**ものが多い。滑舌（かつぜつ）の悪い人は聞き取ってもらえない場合もあるが、走行中のロードノイズに紛れないようになるべく高い声で話すと通じやすい。

カーナビを上手に活用すれば、燃料代も得する。

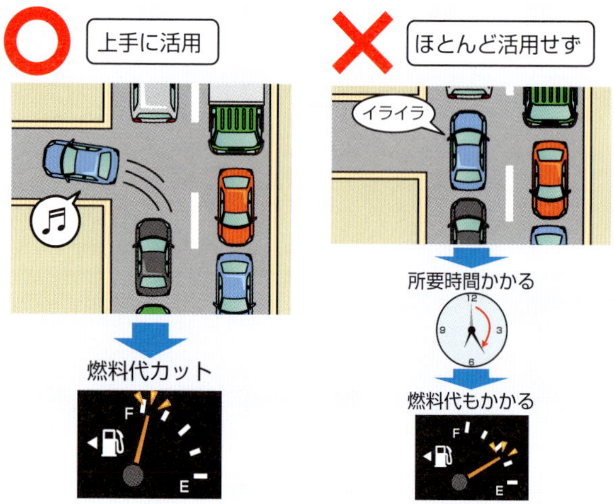

運転術のキホン　画面の設定バリエーション

カーナビの画面は、いろいろな表示設定が可能。自分が運転しやすい画面設定を選びましょう。おすすめは大きさを変えた「2画面表示」です。

ノースアップ

北（ノース）が上になる表示。向かっている方角がわかる。

ヘディングアップ

進む方向が上になる表示。どちらに曲がるかわかりやすい。

3D

行き先が上になる立体的な表示。先のほうまで見える。

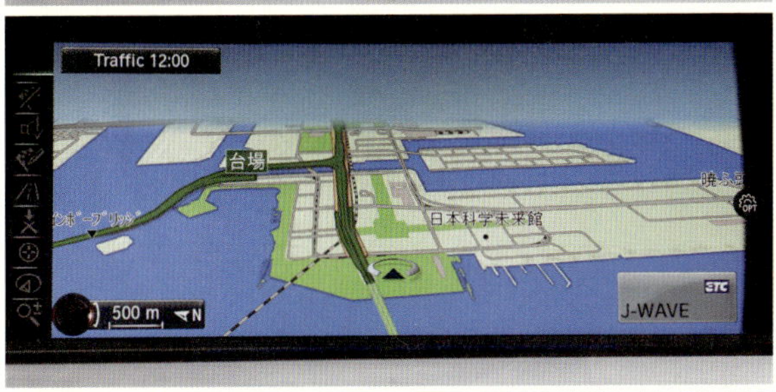

2画面表示

写真は左がノースアップ、右は3D。大きなモニターではこれがおすすめ。

Q LEDライトはどんなことに優れているのですか？

A 明るいこと、消費電力が少ないこと、寿命が長いこと！

ヘッドライトはLEDやレーザーに進化してゆく

ヘッドライトは、この30年ほどで飛躍的に明るくなった。

白熱灯から**ハロゲンライト**になったときは、その明るさに驚き、夜間の運転が楽しみになったものだが、さらに**キセノンライト**になると白さが増し、夜間運転の危険性が大幅に少なくなったのを実感した。

さらに進化し、現代は**LED（発光ダイオード）ライト**が主流になり、スモールライト類もLEDだ。明るくなったうえに消費電力は少ない。次は、**レーザー**の青白い光の時代がくるだろう。

全盛になりつつあるLEDライトにも問題がある

明るくて消費電力が少なく長寿命のLEDライトにも、残念ながら弱点がある。それは**ライトの温度が上がらないこと**だ。通常走るときには問題ないが、雪道でライトの上に覆い被さるように雪が付着すると視認性が悪くなる。

ヘッドライトにはヘッドライトウォッシャーが装備されており、前はクリアになるが、**テールライトは後ろから巻き上げた雪煙がライトにつくとなかなか解けない**のだ。ドライバーは休憩のときには気を配る必要がある。

LEDライトは、明るく、消費電力が少なく、寿命も長い。弱点は雪が付着したとき。

運転術のキホン LEDライトとレーザーライトの比較

LEDライト 300m先を照らす。

レーザーライト 600m先を照らす。

＊写真はともにドイツの道路にて。

雪道では、ときどきライトに付着した雪を払う。LDEライトの場合、テールライトについた雪はなかなか解けないので、まめにブラシなどでとるようにする。

Q クルマのボディをきれいに保つと得することはありますか？

A 注意して運転するようになるので事故の減少につながる！

きれいに乗れば事故も減り下取りも高くなる

ボディをきれいにしてクルマに乗っていると、少しでも傷がつくのを嫌だと思うようになり、**事故を起こす確率も減る**といわれている。

女性がきれいにネイルアートしたあとは、手の動きも含めてしぐさが上品になるようだが、運転も同じである。小さな傷を早めに修理しておけば、新たな大きな傷がつきにくくなる。

ホイールやタイヤがきれいなら、縁石に近づくときも傷つかないように注意して運転するはずで、**まさにいいことだらけ**だ。

クリアな窓ガラスは安全運転につながる

「**ウエス**」というのはきれいなボロ布のことで、これを洗濯していつもクルマに乗せておこう。少しの汚れはすぐに拭き取ることができるし、これを使えば窓ガラスを乗るたびにきれいにしておける。

とくにウインドシールド（前のウインドウ）をきれいにしておくと、**逆光でもクリアな視界を確保できる**ので、安全運転につながる。

フロントをきれいにしていると先行車からの跳ね石が怖いので、自然と車間距離をとるようになり、安全でもある。

「ウエス」（きれいなボロ布）を1枚クルマに乗せておくと何かと便利。

運転術のキホン 愛車を保護する「ボディコーティング」

最近、クルマの「ボディコーティング」をする人が多くなりました。これは、クルマの表面を2～3重もの層で覆い、保護することを目的で行うメンテナンス。細かい傷がつきにくくなり、水洗いだけでクルマがピカピカになります。

代表的なカーコーティング

<table>
<tr><td rowspan="3">ポリマー系
コーティング</td><td colspan="2">シリコンなどの合成樹脂を含んだポリマーを用いたコーティング。ワックスより長持ちする。</td></tr>
<tr><td>メリット</td><td>デメリット</td></tr>
<tr><td>●安価
●ツヤに優れ、小さな傷なら隠せる</td><td>●効果の持続期間が１～３か月ほどと短い
●洗車で落ちてしまうことがある</td></tr>
<tr><td rowspan="3">フッ素系
コーティング</td><td colspan="2">ポリマーより硬いフッ素を用いたコーティング。ポリマー系より長持ちする。</td></tr>
<tr><td>メリット</td><td>デメリット</td></tr>
<tr><td>●比較的安価
●効果の持続期間が３～６か月ほどとポリマー系より長い</td><td>●洗車で落ちてしまうことがある
●自分でも行えるが、市販のコーティング剤の選択が難しい</td></tr>
<tr><td rowspan="3">ガラス
コーティング</td><td colspan="2">表面に強固なガラスを形成する最もグレードが高いコーティング。</td></tr>
<tr><td>メリット</td><td>デメリット</td></tr>
<tr><td>●耐久性が高い（おもに３年以上）
●傷や汚れがつきにくい</td><td>●高価
●専門家による施工が必要で自分ではできない</td></tr>
</table>

Q クルマの室内環境をきれいに保つには何を備えておけばよいですか？

A 掃除機で床もシートもクリーンナップ！

整理整頓してから ハンディクリーナー

クルマの室内の掃除は、意外と面倒な作業だ。まずは整理整頓して、**不要なものはクルマから降ろす**ことから始めよう。

マットを外して、持ち込んだ小石や砂をハンディクリーナーできれいに吸い取る。シートの下なども丁寧に掃除をすると、小銭を拾って得した気分になるかもしれない。布製シートなら、シートの上にも掃除機をかける。濡れたウエスと乾いたウエスを用意して、ドアの内張りやダッシュボード、天井などもきれいに拭くとよい。

スモークを貼っているクルマは車内に直射日光を

スモークガラスにしているクルマで布製シートなら、ときどきドアや窓を開けて**直射日光を車内に入れたほうがよい**。

通常ならガラス窓からの日光で自然とダニ退治ができるのだが、スモークガラスにしているクルマは車内の温度が上がらず、ダニ退治ができていない。

シートの内部にいるダニなどは、直射日光に当てて温度を上げることで死滅させることができる。**60℃以上になれば効果的**だ。ぜひ実行してほしい。

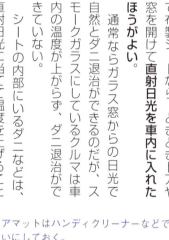

フロアマットはハンディクリーナーなどできれいにしておく。

ハンディクリーナーをクルマに乗せておくと、室内の掃除に便利。

運転術のキホン　室内をきれいに保つ簡単掃除法

室内の整理整頓

不要なものはクルマから降ろす。

ハンディクリーナーを活用

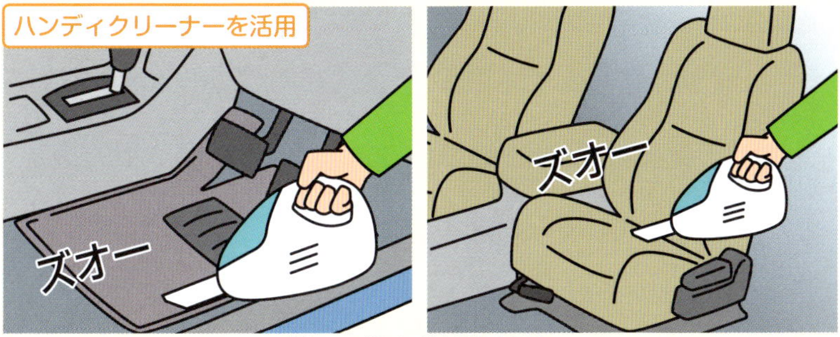

細かいゴミなどを吸い取る。

「ウエス」を利用

こまめに拭く。

シートに直射日光

ダニ退治になる。

Q 車検には有効期間がある？

A クルマの種別ごとに有効期間が決められている。

車検の正式名称は自動車検査。新車から乗れば最初の車検の期間は３年。期間前に整備して検査を受けなくてはならない。点検整備料金はクルマの機能の劣化具合や故障個所の多少などによって料金が変わるので、日常的にクルマの維持管理を怠らないことが料金負担の軽減につながる。

車検の有効期間満了となる日は車検証に記載してあり、検査自体は有効期間満了となる１か月前から受けることができる（１か月前以内に検査を受けても、次の有効期間は元の満了日からの期間）。

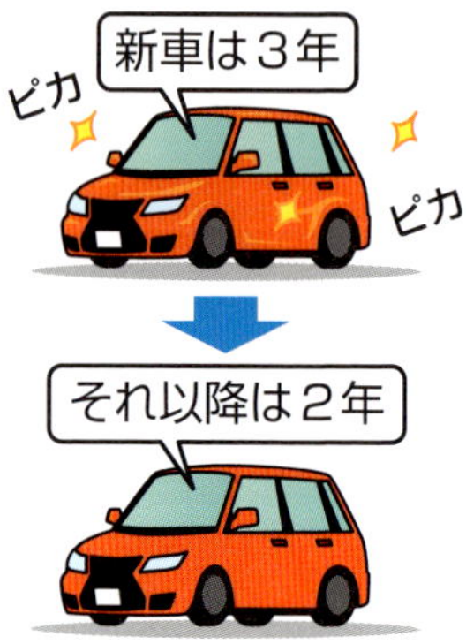

車検の有効期間

車種		有効期限 初回	有効期限 ２回目以降
自家用乗用自動車 軽乗用自動車 小型二輪自動車		３年目	２年ごと
軽貨物自動車 大型特殊自動車		２年目	２年ごと
貨物自動車	総重量８トン以上	１年目	１年ごと
	総重量８トン未満	２年目	１年ごと
バス・タクシー		１年目	１年ごと
レンタカー（乗用自動車のみ）		２年目	１年ごと

＊国土交通省HPより作成

Q 「ユーザー車検」って何？

A ユーザーが自分でクルマの検査を受けること。

検査には、自動車整備工場（認証工場）や民間車検場（指定整備工場）に委託する方法と、自分で国の検査場にクルマを持っていく方法がある。後者のユーザー車検は、金銭的なメリットがあるし、クルマに詳しくなるので挑戦してもよいだろう。

自分で検査手続きを行う方法

定期点検整備

❶自動車点検基準に基づき点検・整備を行う
＊自分でできない項目は、最寄りの整備工場に依頼する（定期点検整備の時期は検査の前後を問われない）

↓

点検整備記録簿

❷点検整備記録簿に点検・整備の作業内容を、記録簿のチェック記号に従って記載する
＊整備工場で実施した項目については、工場で作成してもらう

↓

検査の予約

❸最寄りの検査場に検査の予約を入れる
＊予約は、受検日の2週間前から受け付けてもらえる
＊継続検査は、全国どこの検査場でも受けられる

↓

検査申請書類

❹継続検査に必要な書類をそろえる
- 自動車検査証
- 自動車税納税証明書
- 点検整備記録簿
- 自賠責保険（共済）証明書
- 自動車重量税納付書・印紙
- 継続検査申請書
- 自動車検査票・手数料納付書・印紙・証紙

↓

検査の実施

❺指示された検査コースで案内表示に従って受検する

＊国土交通省 HP より作成

Q 自動車保険に加入するときのポイントは？

A 強制保険は車検期間に１か月プラスしてかける。

自動車保険には、「自賠責（自動車損害賠償責任保険）」といわれる、新車を購入したときや車検を受けたときに法律によって加入が義務づけられている強制的な保険と、任意保険という自由な保険の２種類がある。

自賠責保険に加入するときのポイントは、車検期間プラス１か月が期限となるようにかける。

任意保険はそれなりに高いが、無事故で過ごすと保険等級が下がって、保険料は徐々に安くなる。自車の損害を補償してくれる保険は免責を付けると安くなる。契約のしかたによっては車上荒らしもある程度補償してくれるものもある。

■ 自賠責保険と任意保険の違い ■

自賠責保険	項目	任意保険
法律によって加入が義務づけられている	加入義務	車の所有者の任意で加入
人身事故による対人のみを補償する	補償の範囲	加入者が任意で補償範囲を選択する
法律で定められている	保険金・補償内容	加入者が任意で選択する
加入している自賠責保険を取り扱う保険会社	請求先	加害者、または加害者が加入している保険の保険会社
請求者が行う	示談交渉	示談代行が含まれている保険に加入している場合は保険会社が行う

Q 任意保険ではどのようなことが補償される？

A 対人・対物・車両などさまざまな補償がある。

任意保険の一般的な補償内容

対人賠償保険	対人賠償保険は「無制限」が基本であり、常識となっている。近年では保険会社によっては無制限しか選択できない場合もあるくらいである。
対物賠償保険	対物賠償保険は以前は「1,000万～2,000万円」に設定している人が多かったが、近年では対物事故でも高額な賠償責任が生じる可能性が高くなってきており、「無制限」に設定する人が増えている。
搭乗者傷害保険	搭乗者傷害保険は、「人身傷害補償担保特約」と補償内容が多少重複する。余裕があればこの搭乗者傷害保険を付帯しておけばよい。
人身傷害補償担保特約（人身傷害補償保険）	保険会社によって異なるが、「3,000万～1,000万円刻みで1億円まで」設定できるようになっているのが一般的。「3,000万～5,000万円」で設定するドライバーが多い。
車両保険	車両保険は、付帯するかどうか？　また付帯する場合でも「一般車両保険」にするか「車対車＋A」にするのかで大きく異なってくる。各自でよく検討しよう。

Q 交通違反の点数を重ねるとどうなる？

A 累積６点で免許停止になる。

交通違反の点数は、検挙されると点数が累積されていき、６点になると免許停止になる。講習を受けると免停期間が短縮されるが、一度その経験があると２回目は４点で免停になる。取り消し処分を受けると、欠格期間終了後、もう一度免許を取り直さなくてはならない。2020年６月より、妨害運転（あおり運転）に対し、罰則が科されることになった。妨害目的の一定の行為をすることで違反点数25点または35点が科され、免許取り消しとなる。

おもな交通違反の点数一覧

違反行為の種別		点数	酒気帯び点数	
			0.25mg以上	0.25mg未満
酒酔い運転		35		
麻薬等運転		35		
共同危険行為等禁止違反		25		
無免許運転		25	25	25
大型自動車等無資格運転		12	25	19
仮免許運転違反		12	25	19
酒気帯び運転	0.25以上	25		
	0.25未満	13		
過労運転等		25		
無車検運行		6	25	16
無保険運転		6	25	16
速度超過	50以上	12	25	19
	30以上50未満	6	25	16
	25以上30未満	3	25	15
	20以上25未満	2	25	14
	20未満	1	25	14
進路変更禁止違反		1	25	14
追いつかれた車両の義務違反		1	25	14
割り込み等		1	25	14
乗り合い自動車発進妨害		1	25	14

違反行為の種別	点数	酒気帯び点数	
		0.25mg以上	0.25mg未満
消音器不備	2	25	14
高速自動車国道等措置命令違反	2	25	14
本線車道横断等禁止違反	2	25	14
高速自動車国道等運転者遵守事項違反	2	25	14
高速自動車国道等車間距離不保持	2	25	14
車間距離不保持	1	25	14
免許条件違反	2	25	14
番号標表示義務違反	2	25	14
混雑緩和措置命令違反	1	25	14
通行許可条件違反	1	25	14
通行帯違反	1	25	14
路線バス等優先通行帯違反	1	25	14
軌道敷内違反	1	25	14
道路外出右左折方法違反	1	25	14
道路外出右左折合図車妨害	1	25	14
指定横断等禁止違反	1	25	14
交差点右左折方法違反	1	25	14
交差点右左折合図車妨害	1	25	14
合図不履行	1	25	14
合図制限違反	1	25	14

違反行為の種別		点数	酒気帯び点数	
			0.25mg以上	0.25mg未満
積載物重量制限超過	大型車10割以上	6	25	16
	大型等5割以上10割未満	3	25	15
	普通等10割以上	3	25	15
	大型等5割未満	2	25	14
	普通等5割以上10割未満	2	25	14
	普通等5割未満	1	25	14
放置駐車違反	駐停車禁止場所等	3		
	駐車禁止場所等	2		
保管場所法違反	道路使用	3		
	長時間駐車	2		
警察官現場指示違反		2	25	14
警察官通行禁止制限違反		2	25	14
信号無視	赤色等	2	25	14
	点滅	2	25	14
通行禁止違反		2	25	14
歩行者用道路徐行違反		2	25	14
通行区分違反		2	25	14
歩行者側方安全間隔不保持等		2	25	14
急ブレーキ禁止違反		2	25	14
法定横断等禁止違反		2	25	14
追越し違反		2	25	14
路面電車後方不停止		2	25	14
踏切不停止等		2	25	14
遮断踏切立ち入り		2	25	14
優先道路通行車妨害等		2	25	14
交差点安全進行義務違反		2	25	14
横断歩行者等妨害等		2	25	14
徐行場所違反		2	25	14
指定場所一時不停止等		2	25	14
駐停車違反	駐停車禁止場所等	2	25	14
	駐車禁止場所等	1	25	14
整備不良	制動装置等	2	25	14
	尾灯等	1	25	14
安全運転義務違反		2	25	14
安全地帯徐行違反		2	25	14

違反行為の種別	点数	酒気帯び点数	
		0.25mg以上	0.25mg未満
指定通行区分違反	1	25	14
交差点優先車妨害	1	25	14
緊急車妨害等	1	25	14
交差点等進入禁止違反	1	25	14
無灯火	1	25	14
減光等義務違反	1	25	14
警音器吹鳴義務違反	1	25	14
乗車積載方法違反	1	25	14
定員外乗車	1	25	14
積載物大きさ制限超過	1	25	14
積載方法制限超過	1	25	14
制限外許可条件違反	1	25	14
牽引違反	1	25	14
原付牽引違反	1	25	14
転落等防止措置義務違反	1	25	14
転落積載物等危険防止措置義務違反	1	25	14
安全不確認ドア開放等	1	25	14
停止措置義務違反	1	25	14
初心運転者等保護義務違反	1	25	14
座席ベルト装着義務違反	1	25	14
幼児用補助装置使用義務違反	1	25	14
乗車用ヘルメット着用義務違反	1	25	14
大型自動二輪車等乗車方法違反	2	25	14
初心運転者標識表示義務違反	1	25	14
最低速度違反	1	25	14
本線車道通行車妨害	1	25	14
本線車道緊急車妨害	1	25	14
本線車道出入方法違反	1	25	14
牽引自動車本線車道通行帯違反	1	25	14
故障車両表示義務違反	1	25	14
仮免許練習標識表示義務違反	1	25	14
携帯電話使用等（交通の危険）	6	25	16
携帯電話使用等（保持）	3	25	15
騒音運転等	2	25	14
幼児等通行妨害	2	25	14

＊警視庁 HP より作成

Q 日本の免許証で海外でも運転できる？

A 海外で運転するには国外（国際）運転免許証が必要になる。

海外で運転するためには国外（国際）免許証が必要になる。各地の免許センターにパスポートなどを持っていけば、１年間有効な国外運転免許証を発行してくれる。

左ページのジュネーブ条約加盟国以外の国でも、短期旅行者などに対し国外運転免許証を有効とするところがあるので、渡航する大使館などで確認しておこう。

たとえば、ドイツはジュネーブ条約に加盟していないが、国外運転免許証でレンタカーを借りることができる。どの国にでも、日本の免許証と国外運転免許証の両方を携帯しておくことが必要だ。

申請に必要なもの（本人申請）

申請期間	運転免許証の有効期限内 ＊ただし、免許停止処分を受ける方や停止中の方は、手続きできない。
持参するもの	●運転免許証 ●写真１枚（縦５ｃｍ×横４ｃｍ、無帽、正面、上三分身、無背景、枠なし、申請前６か月以内に撮影したもの） ●パスポートなど渡航を証明する書類 ●古い国外運転免許証（持っている人だけ）
手数料	2,350円

■国外運転免許証が有効な国等一覧（ジュネーブ条約加盟国）■

アジア州	フィリピン	アフリカ州	コンゴ民主	ヨーロッパ州	オランダ	ヨーロッパ州	ジョージア
	インド		コンゴ		フランス		チェコ
	タイ		ベナン		イタリア		スロバキア
	バングラデシュ		コートジボワール		ロシア		スロベニア
	マレーシア		レソト		セルビア	アメリカ州	アメリカ
	シンガポール		マダガスカル		モンテネグロ		カナダ
	スリランカ		マラウイ		スペイン		ペルー
	カンボジア		マ　リ		フィンランド		キューバ
	ラオス		ニジェール		ポルトガル		エクアドル
	韓　国		ルワンダ		オーストリア		アルゼンチン
中近東	トルコ		セネガル		ベルギー		チリ
	イスラエル		シエラ・レオネ		ポーランド		パラグアイ
	シリア		トーゴ		アイルランド		バルバドス
	キプロス		チュニジア		ハンガリー		ドミニカ共和国
	ヨルダン		ウガンダ		ルーマニア		グアテマラ
	レバノン		ジンバブエ		アイスランド		ハイチ
	アラブ首長国連邦		ナミビア		ブルガリア		トリニダード・トバゴ
アフリカ州	南アフリカ		ブルキナファソ		マルタ		ベネズエラ
	中央アフリカ		ナイジェリア		アルバニア		ジャマイカ
	エジプト	ヨーロッパ州	イギリス		ルクセンブルク	オセアニア州	ニュージーランド
	ガーナ		ギリシャ		モナコ		フィジー
	アルジェリア		ノルウェー		サンマリノ		オーストラリア
	モロッコ		デンマーク		バチカン		パプアニューギニア
	ボツワナ		スウェーデン		キルギスタン		

＊行政区域あり

＊国土交通省HPより作成

Q 免許証をなくしてしまったときはどうすればよい？

A 免許試験場で再交付してもらえる（免許証番号は変更）。

免許証をなくしてしまったり、盗難にあったり、汚損・破損してしまった場合は、各都道府県の運転免許試験場で申請すれば再交付してもらえる。ただし、再発行するたびに免許証番号の下１ケタが0から１ずつ増える。

申請に必要な書類や手数料は以下の通り。

免許証再交付に必要なもの

- 写真（縦3cm×横2.4cm）…………１枚
  ＊無帽、正面、上三分身、無背景で申請前6か月以内に撮影したもの。
- 遺失、盗難の場合は、住所、氏名、生年月日を確認できる書類（マイナンバーカード、保険証、社員証、学生証、住民票、在留カード、特別永住者証明書など）。
- 汚損、破損の場合は免許証
  ＊免許証で本人の確認が難しい場合は、本人を確認できる書類も必要。
- 住所などの変更がある場合は、記載事項変更手続きに必要なものを持参する。
  ＊遺失届の提出などを確認されることもある。
- 手数料…………2,250円
  ＊申請書が必要な場合は、備え付けの用紙に記入して提出する。

Q スピード違反の取り締まりはどのように行われる？

A オービス、ネズミ捕り、高速機動隊取り締まりなどがある。

スピード違反の取り締まりは、おもに次の３種の方法で行われている。

❶オービス（無人式一般速度取締り）

スピード測定を行う「オービス」と呼ばれる機械が道路上に設置してあり、スピード超過している車を検知測定しカメラに証拠を収める方式。

❷ネズミ捕り

路上にスピード測定機が設置してあり、そのポイントでスピード違反が発覚すると、その先の駐車誘導エリア（取り締まり現場）に連絡し警察官が検挙する方法。

❸パトカー・白バイ追尾取り締まり（高速機動隊取り締まり）

追尾取り締まりとは、スピード超過車両を発見したら違反車両の後方を追尾し、一定距離同じスピードで走行することで該当スピードを測定し、取り締まる方式。

これらの取り締まりは、違反しても危険がないように見えるところで、隠れて行われることが多い。つねに法定速度を守って走行すればいいのだが、ついスピードを出しすぎてしまうこともないとはいえない。

安全運転のためには、つねに周囲の状況を察知する必要があるが、周囲の状況をよく見るということは、取り締まり現場の先読み能力の向上にもつながる。

先読み運転の向上＝安全運転と心得よう。

Q 新車購入時にはどのような費用がかかる？

A 税金や諸費用などがかかる。

クルマを保有すると、税金や保険料、さまざまな諸費用がかかってくる。また、毎月の駐車場代、燃料代、高速道路料金、クルマの維持費などを覚悟しなくてはならない。自分でできる手続きはみずから行うと、そのぶん費用は抑えられる。

■新車購入時にかかる税金・諸費用■

税　金	
自動車税 環境性能割	令和元年９月末日で「自動車取得税」が廃止され、同年10月１日から「自動車税環境性能割」が導入された。税率は燃料基準値達成度で決まり、非課税・１％・２％および３％の４段階が基本（営業車・軽自動車は２％が上限）
自動車重量税	クルマの重量に応じてかかる税金（国税）で購入時と車検の際にかかる。車検の有効期間年数分を前払いするので、新車を購入したときは、３年分を先に支払うことになる
自動車税 種別割	クルマを所有するとかかる税金（地方税）。税額はクルマの排気量で決められている。毎年１回支払うが、新車購入時には、購入月の翌月から翌年３月分までの月割り額を支払う。令和元年10月１日から「自動車税種別割」に名称が変わった
消費税	10%の消費税（国税）を支払う
ディーラーに支払う諸費用（例）	
車庫証明取得 代行費用	クルマを購入するためには、「自動車保管場所証明書（車庫証明）」が必要となるが、この車庫証明を管轄の警察署から取得するのをディーラーなどに代行してもらうと費用がかかる。印紙代として収める法定費用もここに含まれる
登録代行費用	クルマの所有者名義を管轄の陸運局に登録したり、ナンバープレートを取得するための代行費用。印紙代として収める法定費用もここに含まれる
納車費用	購入したクルマを、自宅などに届けてもらうための費用

Q 自動車税種別割はいくらぐらいかかる？

A クルマの排気量によって定められている。

自動車税種別割は、自動車の所有に対して課税される都道府県税で、自動車の主たる定置場所在の都道府県に納付しなくてはならない。自動車税総合事務所から送付される納税通知書により、5月末日までに納めるのが一般的（自動車税種別割は、地方税なので、各地方ごとに異なる）。

毎年4月1日現在のクルマの所有者に1年分が課税されるが、新規登録または廃車した場合には、月割計算により課税・還付される。

乗用車にかかる自動車税種別割の税額

＊単位：円／年

総排気量		令和元年9月末日以前の新規登録	令和元年10月1日以降の新規登録
乗用車（総排気量）	1,000cc以下	29,500	25,000
	1,000cc超1,500cc以下	34,500	30,500
	1,500cc超2,000cc以下	39,500	36,000
	2,000cc超2,500cc以下	45,000	43,500
	2,500cc超3,000cc以下	51,000	50,000
	3,000cc超3,500cc以下	58,000	57,000
	3,500cc超4,000cc以下	66,500	65,500
	4,000cc超4,500cc以下	76,500	75,500
	4,500cc超6,000cc以下	88,000	87,000
	6,000cc超	111,000	110,000

＊東京都主税局ホームページより作成
＊この税率表は、自動車税グリーン化特例の適用を受けない自動車の税率の抜粋

税金には、新車購入時や車検の際にかかる「自動車税環境性能割（地方税）・自動車重量税・消費税」と、自動車を保有することでかかってくる「自動車税種別割（地方税）」があります。自動車重量税と消費税は国税です。

Q ナンバープレートの数字は何を意味している？

A 一連指定番号以外は車種や用途で決められている。

さまざまな数字や記号が表示されているナンバープレートだが、その表記にはそれぞれ意味がある。

❶使用の本拠の位置　まずは地名。本来はそのクルマの使用地を管轄する陸運支局、または自動車検査登録事務所の所在地域を表している。ご当地ナンバーが認可されたことにより、必ずしも陸運支局または自動車検査登録事務所の所在地を表すものではなくなったが、使用本拠地を表すことには変わりない。

❷登録自動車の分類番号　地名の右側にある3ケタの数字は、装着されるクルマの種別と大きさを表す。大型貨物は100番台、普通乗用は300番台、小型貨物は400番台、小型乗用は500番台、特殊車両は800番台になっている。

❸用途の表示　ひらがなで表示されている部分は、自家用／事業用／レンタカーの3種に分類されて、その中で順番に振られている。

❹一連指定番号　大きな数字は一連指定番号。「・・・-・1」から「99-99」まで順番に振られる。縁起の悪さから42（死に）／94（苦死）などは除外されている。1や8などの人気が高い数字は、希望ナンバーとして抽選で交付されることになっている。

■ナンバープレートの見方（例）■

Q ナンバープレートの封印には意味がある？

A プレートの取り外し防止、盗難防止の役割がある。

封印とは、ナンバープレートを固定するボルトの上に被せるアルミ製のキャップ（右ページの図を参照）で、車両後部のナンバープレートの左側に取り付けると定められている。

封印は、その自動車が陸運支局によって正式に登録され、しかるべき検査を受けたあとに、ナンバープレートを取得したのだという証明のためにつける（そのため陸運支局で登録手続きをしない軽自動車のナンバープレートには封印はないのだ）。

封印によって、ナンバープレートの勝手な取り外しを防止するとともに、車両の盗難犯罪を防ぐという役割も果たしている。万が一、クルマをぶつけたりして、自車の封印が外れたり破損したりした場合は、取り締まりの対象にされてしまうので注意が必要だ。封印が壊れたり紛失したときには、各陸運支局で再封印の手続きを行わなければならない。

移転登録などの手続きでナンバープレートを取り外すときは、陸運支局の敷地内に限り、所有者が自ら取り外すことができるが取り付けはできず、執行官が車検証と車台番号、ナンバープレートを照合したうえで、封印をする。

「神」の封印。神奈川を意味する。

東京なら「東」、大阪なら「大」といったように、封印の表面には地方運輸局に属する各陸運支局の刻印が入っています。

●著者

菰田　潔（こもだ　きよし）

モータージャーナリスト、日本自動車ジャーナリスト協会会長。
1950 年、神奈川県生まれ。学生時代から始めたレースをきっかけにタイヤのテストドライバーになり、その後フリーランスのモータージャーナリストに転身。日本自動車ジャーナリスト協会会長、日本カー・オブ・ザ・イヤー選考委員、日本スマートドライバー機構理事長、JAF 交通安全・環境委員会委員、BMW ドライビング・エクスペリエンス・チーフインストラクター、全国道路標識・標示業協会理事、BOSCH CDR アナリストなどの肩書きを持つ。警察庁（交通企画課、運転免許課、交通規制課）各種懇談会委員、国土交通省ラウンドアバウト検討委員会委員なども歴任。スポーツドライビングやセーフティドライビングの実技講習だけでなく、2002 年からはトラックドライバー向けのエコドライブ講習も手がけ好評を得ている。
著書として、『ＢMWの運転テクニック 2013』(モーターマガジン社)、『ドライビングの常識・非常識 あなたの運転ここが危ない！』（日本実業出版社）、『あおり運転 被害者、加害者にならないためのパーフェクトガイド』（彩流社）などがある。

●モデル　葉月（ジュネス）
●写真撮影　高橋学（アニマート）
●本文イラスト　風間康志
●編集協力・DTP　株式会社文研ユニオン
●編集担当　伊藤雄三（ナツメ出版企画株式会社）

本書に関するお問い合わせは、書名・発行日・該当ページを明記の上、下記のいずれかの方法にてお送りください。電話でのお問い合わせはお受けしておりません。
・ナツメ社 web サイトの問い合わせフォーム
　https://www.natsume.co.jp/contact
・FAX（03-3291-1305）
・郵送（下記、ナツメ出版企画株式会社宛て）
なお、回答までに日にちをいただく場合があります。正誤のお問い合わせ以外の書籍内容に関する解説・個別の相談は行っておりません。あらかじめご了承ください。

ナツメ社 Webサイト
https://www.natsume.co.jp
書籍の最新情報（正誤情報を含む）はナツメ社Webサイトをご覧ください。

カラー図解　あなたの“不安”をスッキリ解消！クルマの運転術

2015年12月７日　初版発行
2021年９月20日　第８刷発行

著　者　菰田　潔
発行者　田村正隆

発行所　株式会社ナツメ社
東京都千代田区神田神保町 1-52　ナツメ社ビル 1F（〒 101-0051）
電話　03（3291）1257（代表）　FAX　03（3291）5761
振替　00130-1-58661
制　作　ナツメ出版企画株式会社
東京都千代田区神田神保町 1-52　ナツメ社ビル 3F（〒 101-0051）
電話　03（3295）3921（代表）
印刷所　ラン印刷社

ISBN978 - 4 - 8163 - 5940 - 8　Printed in Japan
〈定価はカバーに表示してあります〉〈落丁・乱丁本はお取り替えします〉